中等职业教育示范专业系列教材

PLC 应用技术项目教程

主　编　王新宇
参　编　冯忆红

机 械 工 业 出 版 社

本书适用于理论实践一体化教学模式。在内容编排上，以日本三菱公司的 FX_{2N} 系列 PLC 为例，将 PLC 的各常用指令的使用规则及编程方法融入到具体的操作实例中。具体项目设计有：PLC 的基本使用方法、PLC 控制七段数码管的显示、PLC 控制三相异步电动机的连续运行、PLC 控制三相异步电动机的点动与连续运行和正反转、PLC 控制通风机监控系统、PLC 控制三相异步电动机的丫-△减压起动、PLC 控制液体自动混合装置、PLC 控制交通信号灯、PLC 控制运料小车的运行、PLC 控制化学反应装置、PLC 控制搬运机械手、PLC 控制停车场停车位等。力求让学生在"做中学，学中做"的过程中，轻松、高效地掌握 PLC 的使用技巧，同时能对 PLC 在工业生产、日常生活的主要应用有所了解。

本书可作为中职学校机电类、电子类及其他相关专业的教材，也可作为相关企业技术人员的入门读物和职业技能培训教材。

为方便教学，本书免费提供电子版程序代码和电子教案，凡选用本书作为教材的学校均可来电索取，咨询电话：010-88379195。

图书在版编目（CIP）数据

PLC 应用技术项目教程/王新宇主编 . —北京：机械工业出版社，2009.3
（2025.1 重印）

中等职业教育示范专业系列教材

ISBN 978-7-111-26244-2

Ⅰ. P… Ⅱ. 王 Ⅲ. 可编程序控制器—专业学校—教材 Ⅳ. TP332.3

中国版本图书馆 CIP 数据核字（2009）第 019730 号

机械工业出版社（北京市百万庄大街 22 号 邮政编码 100037）
责任编辑：高 倩 版式设计：霍永明 责任校对：李 婷
封面设计：鞠 杨 责任印制：邰 敏
北京富资园科技发展有限公司印刷
2025 年 1 月第 1 版第 14 次印刷
184mm×260mm · 10 印张 · 240 千字
标准书号：ISBN 978-7-111-26244-2
定价：32.00 元

电话服务   网络服务
客服电话：010-88361066 机 工 官 网：www.cmpbook.com
　　　　　010-88379833 机 工 官 博：weibo.com/cmp1952
　　　　　010-68326294 金 书 网：www.golden-book.com
封底无防伪标均为盗版 机工教育服务网：www.cmpedu.com

前　言

可编程序控制器（Programmable Controller）是在传统的继电-接触器控制系统基础上，融合计算机技术和通信技术，专门为工业控制而设计的微型计算机，具有结构简单、性能优越、可靠性高、灵活通用、易于编程、使用方便等一系列优点，在工业上得到了越来越广泛的应用。学习和掌握可编程序控制器技术已成为工业自动化工作者的一项迫切任务，因此，在职业学校中的电气类、机电类专业都已开设了 PLC 课程。

近年来，项目式教学改革不断深入，也越来越受到从事职业教育者的普遍关注。模块化教学理念是以"技能操作为核心"，提倡"以用促学，学以致用"的教学思想。针对职业学校学生的特点，专业教材的编写上力求做到务实求真、重实践、轻理论，将各个抽象的知识点融入实际案例中。从而激发学生的学习兴趣，寓教于乐，提高学生的动手能力、分析能力和创新能力。

本书共有 13 个项目，其内容涉及 PLC 在工业生产、日常生活中最典型的应用，例如七段数码管的显示、三相异步电动机的连续控制、通风机的监控系统、液体混合装置的控制、交通信号灯控制系统、运料小车控制、搬运机械手控制、停车场停车位控制等。通过实际项目的训练，学生可以循序渐进地掌握三菱 FX_{2N} 系列 PLC 的所有基本指令、步进指令及一些常用功能指令用法，也可以逐步掌握开发基于 PLC 的控制系统的设计思路。

本书中每个项目的安排，既考虑到其独立性、完整性，又考虑到所包含的知识点能承上启下。与项目任务相关联的必要知识点放在"知识链接"中，此外为了拓宽学习思路，丰富知识内容，还设计了"知识拓展"环节，为了考察学生对所学知识的运用和掌握情况，培养学生的独立解决问题的能力，每个项目还设计了"技能检验"环节。

本书由安徽省合肥市职业教育中心王新宇老师主编，并编写了绪论、项目 1～项目 11，项目 12、项目 13 及附录由安徽省合肥市职业教育中心冯忆红老师编写。同时，冯忆红老师对全书的内容、结构及文字提出了许多宝贵的建议。在本书编写过程中，我们查阅和参考了其他一些资料和文献，从中得到了很多帮助和启示，在此表示衷心感谢。

由于编者的理论水平和实际经验有限，书中难免存在缺点和错误，殷切希望广大读者批评指正。编者 E-mail：wangxinyu1002@sohu.com。

编　者

目　录

绪　论

可编程序控制器（PLC）是以微处理器为核心，将自动控制技术、计算机技术和通信技术融为一体而发展起来的崭新的工业自动化控制装置。目前 PLC 已基本替代了传统的继电器控制而广泛应用于工业控制的各个领域，成为工业自动化领域中最重要的控制装置。

1. PLC 的产生与定义

在可编程序控制器出现之前，工业生产中广泛使用的电气自动控制系统是继电器控制系统，由于其设备体积大，触点寿命低，可靠性差，接线复杂，改接麻烦，维护和排故困难等缺点，不能适应现代社会制造工业的飞速发展。20 世纪 60 年代，世界上第一台可编程序逻辑控制器（Programmable Logic Controller）诞生于美国的汽车制造业，目的是用来取代继电器电气控制系统，以执行逻辑判断、计时、计数等顺序控制功能。随着计算机技术的不断发展，其功能逐渐扩大，不再是原来意义上的以逻辑控制为主的功能，后来把"逻辑"二字去掉了，叫做可编程序控制器（Programmable Controller），曾经一度简称为 PC，但是为了避免与个人计算机的简称（Personal Computer）相混淆，现在仍然把可编程序控制器简称为 PLC。

1987 年 2 月，国际电工委员会（IEC）在可编程序控制器的标准草案中作了如下定义："可编程序控制器是一种数字运算操作的电子系统，专为在工业环境应用而设计。它采用了可编程序的存储器，用来在其内部存储逻辑运算、顺序控制、定时、计数和算术运算等操作的指令，并通过数字式和模拟式的输入输出，控制各种类型的机械或生产过程。可编程序控制器及其有关外围设备，都应按易于与工业控制系统连成一个整体，易于扩充其功能的原则设计。"

2. PLC 的特点

PLC 之所以得到迅速发展和广泛应用，关键是它具有独特的优点。

（1）可靠性高，抗干扰能力强　可编程序控制器是专为工业控制而设计的，在硬件与软件两方面上采用了屏蔽、滤波、隔离、诊断和自动恢复等措施。这些措施大大地提高了 PLC 的可靠性和抗干扰能力，其平均无故障时间可达 2 万到 5 万小时以上。

（2）编程直观、简单　PLC 有多种编程语言可供选用，许多国家生产的 PLC 把梯形图作为第一用户程序，梯形图是从清晰直观的继电器控制线路演化过来的一种编程语言，其特点是易学易懂，便于修改，有一定基础的技术人员在短时间内都可以学会。

（3）功能完善，适应性好　PLC 不仅具有数字量和模拟量的输入/输出、顺序控制、定时计数等功能，还具有算术运算、数据处理、通信联网、记录与显示等功能。另外，当生产工艺改变或设备更新后，不必大量改变 PLC 的硬件设备，只需改变相应的程序，就可以满足新的控制要求。

（4）使用方便，易于维护　PLC 体积小、重量轻、便于安装，其输入端子可直接与各种开关量和传感器连接，输出端子通常也可直接与各种继电器连接。PLC 维护方便，有完善的自诊断功能和运行故障指示装置。PLC 的编程器使用简便，可以方便、快捷地实现程序的调试与修改。

3. PLC 的分类

目前国内外各厂家生产的 PLC 产品种类繁多，型号各异，市场普遍使用的有日本三菱公司的 F 系列、OMRON 公司的 C 系列、德国西门子公司的 S 系列，以及国内嘉华公司的 JH 系列等。虽然 PLC 产品型号、性能各有不同，但通常可以按照 I/O 点数、结构、性能来分类。

（1）按照 PLC 的 I/O 点数和存储器容量分类　为适应不同的工业生产应用要求，PLC 所处理的输入输出信号数量不一样。一般将一路信号叫作一个点，将输入点数和输出点数的总和称为机器的点数。因此，按 I/O 点数、内存容量和功能来分，将 PLC 分为以下五个等级，如表 0-1 所示。

表 0-1　PLC 分类

类　型	I/O/点	存储卡容量/KB（K 步）	机　型
微型	＜64	＜2	三菱 FX_{1S} 系列
小型	64～128	2～4	三菱 FX_{2N} 系列
中型	128～512	4～16	三菱 A_{1N} 系列
大型	512～8192	16～64	三菱 A_{3N} 系列
超大型	＞8192	＞64	西门子 S_5-155U

（2）按结构形状分类　根据硬件的结构不同，可以将 PLC 分为整体式和模块式两种。

整体式又称单元或箱体式。整体式 PLC 是将电源、CPU、I/O 部件都集中装在一个机箱内，其结构紧凑、体积小、价格低。一般微型、小型 PLC 采用这种结构，它由不同 I/O 点数的基本单元组成。基本单元和扩展单元之间一般用扁平电缆连接。整体式 PLC 一般配备有特殊功能单元，如模拟量单元、位置控制单元等，使机器的功能得以加强。

模块式结构是将 PLC 各部分制成若干个单独的模块，如 CPU 模块、I/O 模块、电源模块和其他各种功能模块。由于模块式结构，其装配方便，便于扩展和维修。一般大中型 PLC 都采用模块式结构，有的小型 PLC 也采用这种结构。

有的 PLC 将整体式和模块式结合起来，称为叠装式 PLC。它除基本单元和扩展单元外，还有扩展模块和特殊功能模块，配置更加灵活。

4. PLC 的基本组成

（1）中央处理单元（CPU）　中央处理单元是 PLC 的核心，主要采用通用微处理器（如 8080、8086、80386 等）、单片机（如 8031、8096 等）或双极位片式微处理器（如 AM2900、AM2901、AM2903 等）三种类型。PLC 的档次越高，CPU 的位数也越多，运算的速度也越快，功能指令越强。如 FX_2 系列 PLC 使用的微处理器是 16 位的 8096 单片机。

在 PLC 中 CPU 是按照固化在 ROM 中的系统程序执行工作的。它能实现监测和诊断电源、内部电路工作状态、用户程序中的语法错误等，并采用循环扫描工作方式执行用户程序。

（2）存储器　PLC 内部配有系统程序存储器和用户存储器。系统存储器用于存放 PLC 内部系统的管理程序，用户存储器用于存放用户编制的控制程序。PLC 采用 CMOS-RAM 存储器、EPROM 或 E^2PROM 存储器固化系统管理程序和用户程序。E^2PROM 是一种电可擦除的只读存储器，既可以字节擦除，也可以整片擦除，使用 E^2PROM 无需电池就能实现掉电保护。

（3）输入/输出单元（I/O 接口电路）　输入单元和输出单元简称 I/O 单元，它们是联系外部设备和 CPU 单元的桥梁。**PLC 有了 I/O 单元就可以将各种开关、按钮和传感器等直接接到 PLC 的输入端，也可以将各种执行机构（如电磁阀、继电器、接触器等）直接接到 PLC 的输出端。**

PLC 内 CPU 所处理的信号只能是标准电平，而实际生产过程中的信号是多种多样的，控制系统所要配置的执行机构驱动电平也是多种多样的，因此，I/O 接口电路具有电平转换作用。另外，在 I/O 单元中，用光耦合器、光敏晶闸管、小型继电器等器件来隔离 PLC 的内部电路和外部的 I/O 电路，起到隔离和滤波作用，有效防止外部引入的尖峰电压和干扰噪声可能对 PLC 内部元器件的损坏。

在使用 PLC 时，需考虑输出电路的三种主要形式：**继电器输出、晶体管输出和晶闸管输出。**

1）继电器输出，如图 0-1 所示。PLC 输出电路内为小型继电器，其优点是电压范围宽，导通压降小，价格也便宜，可以控制交流负载，也可以控制直流负载。但其缺点是触点寿命短，触点断开时有电弧产生，容易产生干扰，响应速度慢。

继电器作为 PLC 的输出电路，当 PLC 有输出信号时，使继电器线圈得电，其触点吸合，则驱动外部负载工作。因此，继电器可以将 PLC 内部电路与外部负载电路电气隔离。

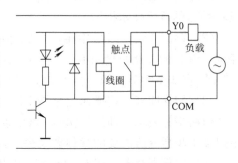

图 0-1　继电器输出电路

2）晶体管输出，如图 0-2 所示。其优点是寿命长，无噪声，可靠性高，响应快。但其缺点是价格较高，过载能力差。

晶体管作为 PLC 的输出电路，是通过光电耦合器控制晶体管截止或饱和，从而控制负载电路的通断。PLC 内部电路与外部负载电路通过光电耦合器进行隔离。

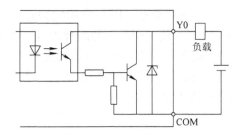

图 0-2　晶体管输出电路

3）晶闸管输出，如图 0-3 所示。其优点也是无触点，寿命长，无噪声，可靠性高，可驱动交流负载。缺点是价格高，过载能力较差。

（4）电源单元　PLC 的供电电源一般为 AC220V，也可采用 DC24V 供电。PLC 对电源的稳定度要求不高，一般允许在 ±（10%～15%）的范围内波动。其 CPU 单元和 I/O 单元由 PLC 内部的稳压电源供电。小型的 PLC 电源和 CPU 单元是一体的，中大型的 PLC 都有专门的电源单元。有些 PLC 的电源部分还有 DC24V 输出，用于对外部传感器供电，但电流是毫安级。

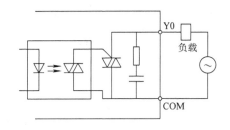

图 0-3　晶闸管输出电路

（5）编程器　编程器将用户程序送入 PLC 的存储器，是 PLC 最重要的外部设备。编程器不仅用于编程，还可以利用它进行程序的修改、检查、监视等。目前主要有手持式编程器和计算机编程两种方式。

手持式编程器不能直接输入和编辑梯形图，只能输入和编辑指令语句。它体积小、价格便宜，通常需联机操作。而计算机作为编程工具，可使用编程软件在计算机上直接编辑梯形图和指令语句，并实现不同编程语言之间的转换。计算机编程可以存盘和打印，还可以通过网络实现远程编程和传送。

5. PLC 的主要技术指标

（1）I/O 总点数　I/O 点数是指 PLC 的外部输入、输出端子数。PLC 的输入、输出有开关量和模拟量两种。对于开关量用最大的 I/O 点数表示，而对于模拟量则用最大的 I/O 通道数表示。

电源及各 COM 等端子是不能作为 PLC 的输入/输出端子计入的。I/O 总点数是描述 PLC 性能的重要技术指标。

（2）存储容量　PLC 中用户存储器的容量，一般远小于通用计算机中用户存储器中的容量。PLC 的存储容量用 K 字（KW）、K 字节（KB）作单位之外，更多用"步"作单位。**1"步"占 2 个字节，即 1 步＝2B。PLC 中有的指令仅占 1 步，有的指令占 2 步或更多步。**

（3）扫描速度　扫描速度是指 PLC 执行一次用户编辑程序所需的时间。一般情况下用一个粗略指标表示，即用每执行 1000 条指令所需要时间来估算，通常为 10ms 左右，也有用扫描 1 步指令所需要的微秒数来表示，即 μs/步。

（4）内部寄存器　PLC 内部寄存器用来存放输入/输出变量的状态、逻辑运算的中间结果、定时器、计数器的数据。其种类多少、容量大小，将影响到用户编程的效率。因此，内部寄存器的配置及容量也是衡量 PLC 硬件功能的一个指标。

（5）编程语言　PLC 常用的编程语言有梯形图、指令语句、功能图、高级语言等。不同的 PLC 可能采用不同的编程语言，相互不兼容，但多数 PLC 首选梯形图作为主要的编程方式。这里以三菱 PLC 为例，介绍梯形图和指令语句的特点。

1）梯形图语言。梯形图语言形象直观、逻辑关系明显、实用，是目前使用最多的一种 PLC 编程语言，如图 0-4 所示。

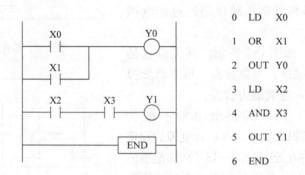

图 0-4　梯形图和指令语句

梯形图中的各个继电器都不是物理器件，这些器件实际上是 PLC 内部的电子电路和存储器，它是以特有的、形象化的符号来表示 PLC 程序抽象的逻辑关系，反映了 PLC 内部存储器位的逻辑状态，通常被称为"软继电器"。所谓软继电器，是指 PLC 中可以被程序使用的功能性器件，可以将这些软继电器理解为具有不同功能的内存单元，对这些单元的操作，就相当于对内存单元进行读写。由于 PLC 的设计初衷是为了替代继电器、接触器控制，所以许多名词仍借用了继电器、接触器控制中经常使用的名称，如 FX 系列 PLC 中的软继电器有输入继电器 X、输出继电器 Y、辅助继电器 M、定时器 T、计数器 C 等。如表 0-2 所示，PLC 软继电器符号与实际物理器件符号的关系。

表 0-2　PLC 软继电器符号与物理继电器符号的对比

继电器 触点与线圈	常 开 触 点	常 闭 触 点	线　圈
物理继电器			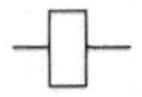
PLC 软继电器			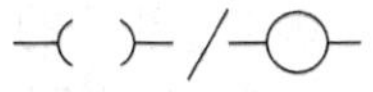

注意：PLC 内部存储器的某位为"1"时，表示相应的触点闭合或相应的软继电器线圈得电；某存储器为"0"时，表示对应的触点断开或线圈失电。

PLC 梯形图是由左右母线（右母线可省略）、逻辑行及其各个软继电器构成。在 PLC 梯形图中每个逻辑行有一个或多个支路，并有一个输出元件（软线圈）。逻辑行左边是触点的组合，表示驱动输出的条件，最右边的元件必须是输出元件。触点不能出现在线圈的右边，如图 0-5 所示。

图 0-5　触点不能出现在线圈的右边

另外，对于复杂的电路，还需要注意触点应画在水平线上，不要画在垂直线上。如图 0-6 桥式电路不能直接编程，必须画出相应的等效梯形图。

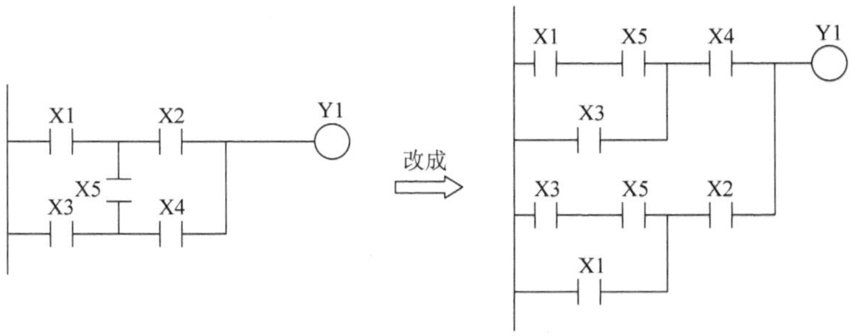

图 0-6　桥式电路的处理

2）指令语句。这种编程语言是一种和计算机汇编语言类似的助记符语言形式，它用一系列的操作指令组成语句表将控制流程描述出来，并通过编程器送到 PLC 中，如图 0-4 中的指令语句。它最大的缺点就是不直观，难以理解整个程序控制的过程，所以通常在 PLC 程序设计时，先用梯形图进行编程，再由梯形图转换为指令语句。

指令语句表是由若干条语句组成的程序，每一条语句由**步序号、操作码和操作数**组成。

操作码用助记符表示，如 LD、AND、OUT 等，用来说明要执行的功能；操作数由元件标识符和编号（地址）组成，标识符表示软继电器类别，如输入继电器 X、输出继电器 Y、计时器 T 等等，编号表明操作数的地址或设定值；步序号不需要人为输入，在输入指令时自动生成。

[课后思考]

0.1　什么是 PLC？PLC 有哪些主要的特点？

0.2　简述 PLC 的硬件结构有哪些？

0.3　PLC 的梯形图与继电器控制电路图相比有哪些不同点？

0.4　PLC 的主要技术指标有哪些？

0.5　指出图 0-7 中所示梯形图的错误，并画出正确的梯形图。

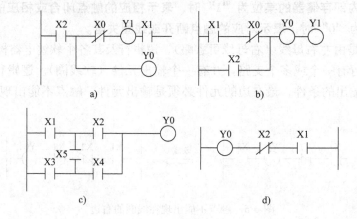

图 0-7　题 0.5 梯形图

项目 1　可编程序控制器的使用

〔**学习目标**〕

1. 认识三菱 FX_{2N}-48MR 可编程序控制器的外部结构。
2. 理解 PLC 输入 X、输出 Y 软继电器的意义和用法。
3. 掌握 PLC 输入/输出（I/O）端口分配方法。
4. 学习梯形图简单的编程方法。

〔**技能目标**〕

1. 会正确安装、连接 PLC 外部输入和输出设备。
2. 会使用 FXGP 软件编辑梯形图和输入指令语句。

〔**实操训练**〕

1. 项目任务分析

简单的灯控电路，如图 1-1 所示。开关 SA1、SA2 并联控制灯 HL1，按钮 SB1 控制灯 HL2，按钮 SB2 与 SB1 串联控制灯 HL3。采用 PLC 实现控制。

2. 参考操作步骤

1）熟悉 PLC 的外部结构。主要包括输入、输出（X/Y）端口、编程器接口、运行方式开关及 LED 功能指示灯等。

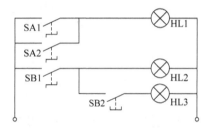

图 1-1　简单的灯控电路

2）分配 I/O 端口。按实际的输入设备、输出设备的控制功能与个数，逐一分配 PLC 的输入与输出端口，如表 1-1 所示。

表 1-1　输入/输出端口分配

输　　入		输　　出	
输入设备名称	输入端口	输出设备名称	输出端口
开关 SA1	X0	灯 HL1	Y0
开关 SA2	X1	灯 HL2	Y1
按钮 SB1	X2	灯 HL3	Y2
按钮 SB2	X3		

3）画 PLC 输入/输出（I/O）接线图。接线图如图1-2所示。

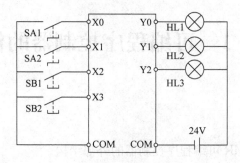

图1-2　I/O接线图

4）设计梯形图。梯形图如图1-3所示。

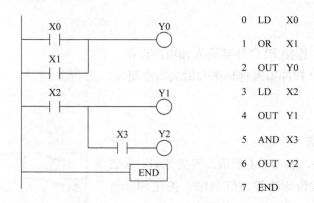

图1-3　PLC编程梯形图和指令语句

5）连接 PLC 外围设备。PLC 关机状态下，根据 I/O 接线图，正确连接输入和输出设备（开关 SA1、SA2，按钮 SB1、SB2，三盏灯 HL1~HL3 和电源）。

6）写入程序。打开 PLC 电源，将方式开关置于 STOP 状态下，通过 FXGP 软件计算机编程（或手持编程器编程），绘制梯形图或直接输入所给出的指令语句，并将指令语句写入 PLC 中。

7）运行 PLC。将方式开关置于 RUN 状态下，运行程序。操作开关 SA 与按钮 SB，观察 PLC 控制结果。

［知识链接］

1. PLC 的外部结构

（1）三菱 FX 系列 PLC 命名方式　FX 系列 PLC 是三菱公司后期的产品。三菱公司的可编程序控制器分为 F、F_1、F_2、FX_2、FX_0、FX_{0N} 和 FX_{2C} 几个系列，其中 F 系列是早期产品。

FX 系列的 PLC 基本单元和扩展单元的型号由字母和数字组成，其格式为：FX□－□□□□，其中方框的含义如图1-4所示。

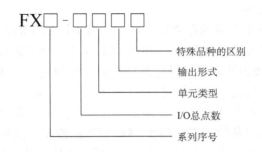

图 1-4 FX 系列可编程序控制器型号命名的基本格式

1）系列序号。有 0、1、2、0N、2C，如 FX_1、FX_2、FX_{0N} 等。

2）I/O 总点数。14～256。

3）单元类型。M——该模块为基本单元；E——输入、输出混合扩展单元或扩展项目；EX——输入扩展项目；EY——输出扩展项目。

4）输出形式。R——继电器输出；S——双向晶闸管输出；T——晶体管输出。

5）特殊品种区别。D——直流电源，直流输入；A——交流电源，交流输入或交流输入项目；S——独立端子（无公共端）扩展项目；H——大电流输出扩展项目；V——立式端子排的扩展项目；F——输入滤波器 1ms 的扩展项目；L——TTL 输入型扩展项目；C——接插口输入输出方式。

若无特殊品种区别，通常为 AC 电源，DC 输入，横式端子排，继电器输出为 2A/点，晶体管输出为 0.5A/点，晶闸管输出为 0.3A/点。

例如：FX_{2N}-48MR 表示为 FX_{2N} 系列，I/O 总点数为 48 点，该模块为基本单元，采用继电器输出。

（2）FX_{2N}-48MR 可编程序控制器外部结构 可编程序控制器的种类和型号有很多，外部的结构也各有其特点，但不管哪种类型的 PLC，外部结构基本包括输入输出端口（用于连接外围输入、输出设备）、PLC 与编程器连接口、PLC 执行方式开关、LED 指示灯（包括输入输出指示灯、电源指示灯、PLC 运行指示灯、PLC 程序自检错误指示灯），以及 PLC 通讯连接与扩展接口等，如图 1-5 所示。

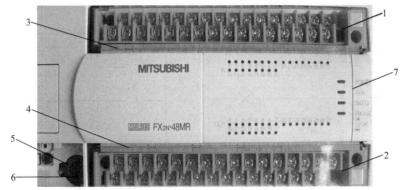

图 1-5 FX_{2N}-48MR 可编程序控制器外部结构

1——输入 X 端口 2——输出 Y 端口 3——X 端口标识 4——Y 端口标识

5——方式开关 6——编程器接口 7——LED 指示灯

2．输入/输出软继电器

PLC内部有许多由电子电路和存储器组成的具有不同功能的器件，正如在继电器控制电路中，经常使用到的交流接触器KM、时间继电器KT、中间继电器KA等。

在使用PLC时，需要和外部设备进行硬件连接的软继电器只有输入X和输出Y继电器，其他软继电器只能通过程序加以控制。这里仅介绍输入/输出软继电器的特点。

（1）输入继电器X　输入继电器用X表示，它的特点是：**其状态由外部控制设备的信号所驱动，直接反映外部设备的状态，不受PLC程序的控制。**其量值只能有两种状态，当外接设备闭合时，则内部相应的输入存储器位为"1"；当外接设备断开时，则内部输入存储器对应的位为"0"。编程时，其常开、常闭触点可以无限次的重复使用。

（2）输出继电器Y　输出继电器用Y表示，其特点是：**状态受PLC程序的控制，一个输出继电器对应于输出单元外接的一个物理继电器或执行设备。**它是PLC向外部负载传递控制信号的器件，若输出存储器某位的状态为"0"，则对应的Y输出端口的外部设备不工作；若输出存储器某位的状态为"1"，则驱动对应的Y输出端口的外部设备工作。编程时，每个输出继电器的常开、常闭触点都可以无限次的重复使用。

注意：

1）FX系列PLC的所有软继电器中只有输入X和输出Y继电器采用八进制编号，其他软继电器都是采用十进制编号。如FX$_{2N}$-48MR的端口编号为：X000～X007、X010～X017、X020～X027以及Y000～Y007、Y010～Y017、Y020～Y027，其中输入端口24点，输出端口24点。

2）输出继电器的初始状态为"0"，即为断开状态。

3．灯控电路的梯形图设计

绪论中已详细介绍了PLC常用的编程语言"梯形图"及其特点，这里学习最基本的梯形图编程方法。

由于梯形图是形象化的编程语言，其所有图形符号均是用来表示PLC内部存储器位的工作状态。在设计时，仍然采用了继电器电气原理图的设计方法，根据受控对象的功能要求，按照一定的控制逻辑关系便可以编写出梯形图。如图1-6所示，梯形图设计基本上是按照实际电路的逻辑关系一一对应而来。

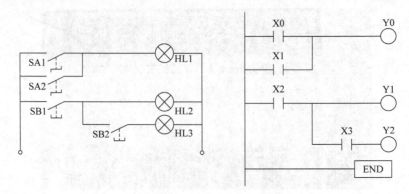

图1-6　PLC灯控电路梯形图

图中X0～X3触点分别表示输入开关SA和按钮SB的状态，Y0～Y2输出线圈分别驱动外部的灯。因此，在分析读图时，可以采用形象的分析方法，即**"假想电流法"**。假设有一个电流从左母线流向右母线，并按照梯形图逻辑执行的顺序是从上到下，从左到右，这种分析方法如同继电器控制电路的分析。

注意：**图 1-3 所示指令语句中的程序结束指令 END，用于程序的结束，无操作数。PLC 执行用户程序步时，从第一步扫描至 END 指令，END 以后的程序则不再执行。**

4. PLC 输入/输出设备的接线方式

（1）输入输出接线方式

1）汇点式。在连接输入或输出设备时，全部输入点或输出点汇集成一组，共用一个公共端 COM 和一个电源。如图 1-2 所示，其 I/O 接线方式即为汇点式。

2）分隔式。将输入点或输出点分成 N 组，每组有一个公共端 COM 和一个独立的电源。电源均由用户提供，可根据实际负载确定选用直流或交流电源，如图 1-7 所示。

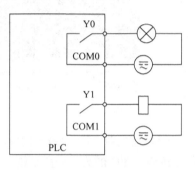

分隔式常用于输出设备的接线方式。**由于在实际应用中，PLC 外部负载种类不同，所使用的电源也不同，因此，必须采用分隔式接法。** 例如，FX$_{2N}$-40MR 的输出端口 Y0 的公共端是 COM0，Y1 公共端 COM1，Y2、Y3 共用 COM2 公共端，Y4、Y5、Y6、Y7 共用 COM3，Y10、Y11、Y12、Y13 共用 COM4，Y14、Y15、Y16、Y17 共用 COM5。

图 1-7　分隔式输出接线方式

（2）绘制 I/O 接线图　PLC 控制系统中，通常需要用户操作外部输入设备，给 PLC 提供输入信号，再由 PLC 程序执行来完成对外部输出设备的控制。正确连接外部设备是非常重要的，需先画出 PLC 电路的 I/O（输入/输出）接线图，然后再按图接线。

由于与外部设备进行硬件连接的软继电器只有输入 X 和输出 Y 继电器，因此一般梯形图中有几个 X、Y 软继电器的编号，就代表有几个相应的输入、输出设备。 如图 1-8 所示，梯形图中虽然出现了 M 辅助继电器，但它仅受内部程序控制，与外部设备无关，因此不需要考虑。因图 1-8a 中输入继电器 X 编号有两个，输出继电器 Y 编号也只有两个，若输入设备为按钮 SB，输出设备为灯 HL，则 I/O 接线图可如图 1-8b 所示。

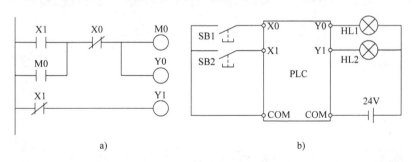

a)　　　　　　　　　　　　　　　　b)

图 1-8　梯形图与 I/O 接线图

5. 计算机编程（FXGP 软件的使用）

通用计算机作为编程器，采用专用的编程软件进行编程、绘制梯形图、监控 PLC 运行等，其功能完善、使用方便。以实操训练中的梯形图为例，介绍在 FXGP 软件中创建或编辑梯形图所需的主要操作和编程步骤。

（1）FXGP 软件的启动　在桌面上双击 FXGP 软件的图标，即可启动 FXGP 软件，并进入界面，如图 1-9 所示。

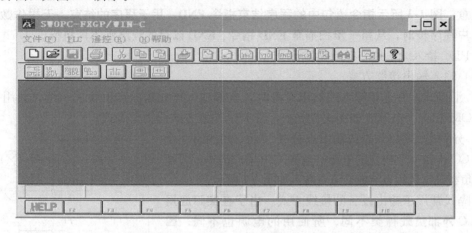

图 1-9　FXGP 编程软件窗口

（2）建立新文件　单击"文件"菜单中的"新文件"命令，或者单击所示工具条中的"新文件"按钮（图中的第一个按钮）。屏幕上出现"PLC 类型设置"对话框，如图 1-10 所示。

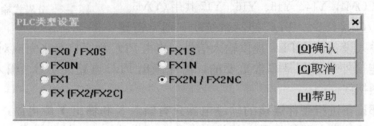

图 1-10　选择 PLC 类型

选择所使用 PLC 的类型，单击"确认"按钮，屏幕上出现梯形图的编辑界面，如图1-11所示。

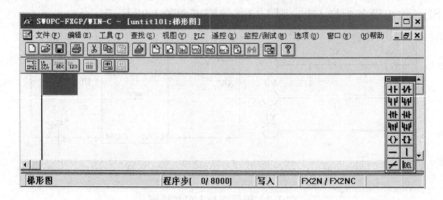

图 1-11　梯形图编辑界面

（3）编辑梯形图　在图 1-11 所示的梯形图编辑界面中，位于底部或组件箱中有各软继电器的符号，通过直接单击某个元件按钮或按下对应的功能键，可选取该元件。

熟悉这些组件之后，就可以画出图 1-3 所示的梯形图，步骤如下：

1）光标定位在第一行的左母线处，用鼠标单击组件工具条中的常开符号"┤├"（或按 F5 键），出现如图 1-12 所示的对话框。在对话框中输入组件的名称"X0"并按回车，在原先用鼠标定位的地方将出现一个常开符号，同时光标自动向右移动一个符号位，这样常开 X0 就画好了。

图 1-12   输入组件对话框

2）移动光标至 X0 触点下方，点击组件工具条中的常开并联符号"┤├"，出现如图 1-12 所示对话框（图中符号为"┤├"），在对话框中输入组件名称"X1"并确认。

3）将光标移至 X0 之后，点击组件工具条中的线圈符号"（）"，在对话框中输入组件的名称"Y0"并确认，软件会自动连线，将 Y0 画在右母线处。

4）将光标移至第 2 行的左母线处，重复 1）、3）步，分别输入 X2 和 Y1，第 2 行输入完毕。移动光标至第 2 行分支处，按组件工具条的符号"│"或 Shift＋F5 键，会出现一个向下的竖杠，如图 1-13 所示，然后按以上方法输入 X3 和 Y2 元件。

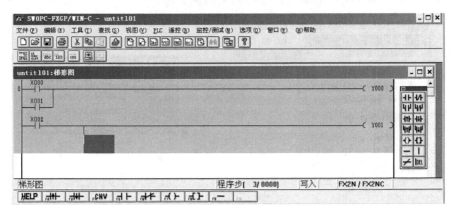

图 1-13   画分支梯形图

5）将光标定位在第 4 行的左母线处，点击工具条中的"（）"或按 F8 键，直接输入"END"并按回车，END 命令就画好了。画好的梯形图背景是灰色的，如图 1-14 所示。

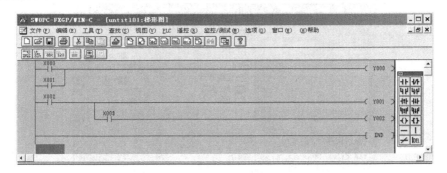

图 1-14   未转换的梯形图

这时，要按下转换按钮 ⬛。如果梯形图画得正确，转换后的梯形图的背景就会变为白色，单击指令表按钮 ⬛，将会得到对应的指令表，如图 1-15 所示。

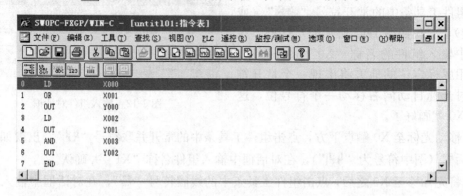

图 1-15　转换后的指令表

（4）程序传送　将 PLC 的执行开关置于 STOP 状态下，RUN 指示灯不亮，选图 1-16a 所示菜单命令，出现 1-16b 图所示对话框，可以选择两种方式写入程序。选择"范围设置"，根据指令语句"步"数设定，能缩短程序写入的时间。

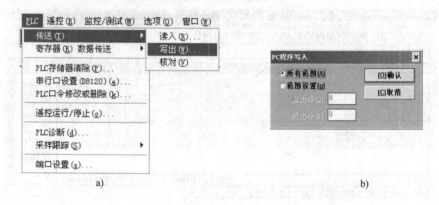

a)　　　　　　　　　　　　　　　b)

图 1-16　程序的写入

（5）保存梯形图　保存画好的梯形图，可以单击"文件"菜单中的"保存"命令，或者单击工具条中的"保存"按钮 ⬛，屏幕上出现如图 1-17 所示的对话框。

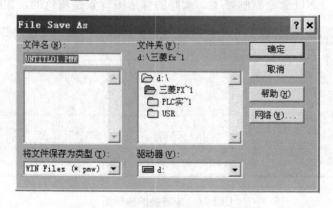

图 1-17　保存梯形图文件的对话框

在进行程序的删除、修改等操作时，计算机编程是很方便的。只需要在指令表中，上下移动光标，再使用键盘中的"DEL"键，就可以做到删除、修改指令。在重新传送指令时，需要将 PLC 方式开关置于 STOP 状态下。

（6）程序监控　FXGP 软件提供了实时监控功能。即在 PLC 运行状态下，通过 FXGP 软件窗口直接观察程序运行的过程及各个软继电器的工作状态。如图 1-18 所示，点击"监控/测试"菜单中的"开始监控"命令。

图 1-18　程序监控

如图 1-19 所示，在 PLC 运行和程序监控方式下，如果按下 SB2，输入软继电器 X2 闭合，输出软继电器 Y1 状态置"1"，驱动外部设备工作。梯形图中自动显示相应元件的状态变化。

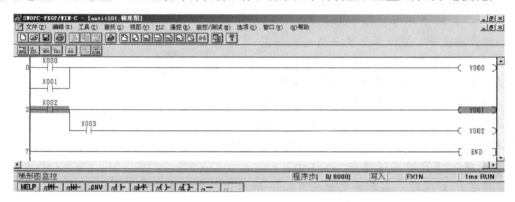

图 1-19　程序监控界面

［知识拓展］

目前 PLC 程序输入主要通过通用计算机编程和手持编程器两种方式。这里再介绍手持编程器的删除、写入和修改指令语句的基本用法。

1. 手持编程器的认识

手持式编程器（简称为 HPP）可与三菱 FX 系列 PLC 相连，以便向 PLC 写入程序或监控 PLC 的操作状态。

手持编程器面板如图 1-20 所示。它是由液晶显示屏、键盘（包括功能键、指令键、元件符号键和数字键）、编程电缆等组成。HPP 与 PLC 专用插座连接，由 PLC 内部提供电源。

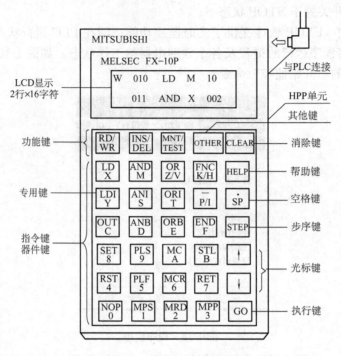

图 1-20　手持编程器面板

HPP 液晶显示屏能同时显示 4 行，每行 16 个字符，包括步序号、指令助记符、元件符号和元件地址等，显示屏上显示的内容如图 1-21 所示。

显示屏左上角的单个英文提示符，具有以下几种功能：R（READ）读出；W（WRITE）写入；I（INSERT）插入；D（DELETE）删除；M（MONITOR）监控；T（TEST）测试。

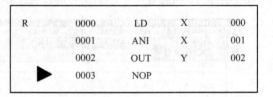

图 1-21　HPP 液晶显示屏示意图

2. 手持编程器的编程操作

当接通 PLC 电源，显示屏上出现图 1-22 所示的一系列画面后，进入编程界面。

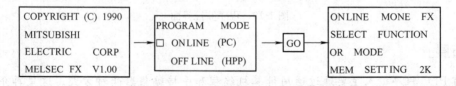

图 1-22　HPP 开机初始界面

（1）删除　在写入一个新的程序之前，要将 PLC 内存 RAM 的内容全部清除（用 NOP 指令写入），清零操作的步骤如图 1-23 所示，操作时根据图中所示框图按相应的键，每个框图表示按一下对应的键。删除操作完成后，可进行指令的写入。

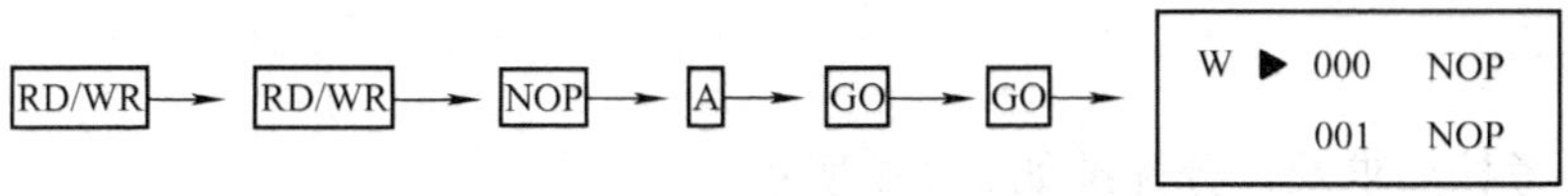

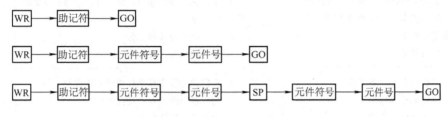

图 1-23　删除操作步骤

（2）写入　基本指令的写入有三种形式：一是仅有指令助记符，不带元件号；二是有指令助记符和一个元件号；三是有指令助记符和两个元件号。写入这三种基本指令的操作如图 1-24 所示。

图 1-24　写入指令的基本操作

使用 HPP 在写入指令时，需要事先人为地将梯形图转换成指令语句，再逐条写入。如图 1-25 所示梯形图写入到 PLC 的操作步骤为：按［WR］→［LD］→［X］→［0］→［GO］→［OUT］→［Y］→［0］→［GO］。

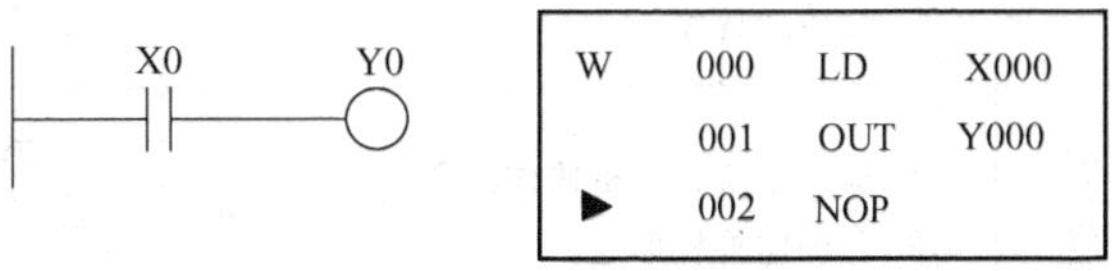

图 1-25　写入指令举例

（3）修改　在指定的步序号下改写指令。按［↑］和［↓］键移动光标至相应的位置下，直接重新输入改正后的指令。

若在指令语句中插入某指令，需将左上角的功能提示符切换为"I"，然后移动光标至需要插入的位置，再写入指令。

注意：NOP 为空操作指令，无操作数；它占用程序步，但无执行动作。

［技能检验］

根据图 1-26 所示梯形图，绘出 I/O 接线图，正确连接输入、输出设备（由按钮 SB 和灯 HL 组成），使用计算机编程软件绘制梯形图，转换指令语句，并运行 PLC 进行实际观察。

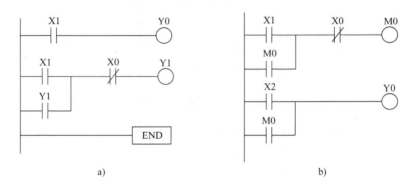

图 1-26　梯形图

[考核评价]

技能检验考核要求及评分标准如表 1-2 所示。

表 1-2　考核评价表

考核项目	考 核 要 求	配分	评 分 标 准	扣分	得分
设备安装	1. 会分配端口、画 I/O 接线图 2. 会安装元件，按图完整、正确及规范接线 3. 按照要求编号	30	1. 不能正确分配端口，扣 5 分，画错 I/O 接线图，扣 5 分 2. 错、漏线每处扣 2 分 3. 错、漏编号，每处扣 1 分		
编程操作	1. 会建立程序新文件 2. 正确输入梯形图 3. 正确保存文件 4. 会转换梯形图 5. 会传送程序	30	1. 不能建立程序新文件或建立错误扣 4 分 2. 输入梯形图错误一处扣 2 分 3. 保存文件错误扣 4 分 4. 转换梯形图错误扣 4 分 5. 传送程序错误扣 4 分		
运行操作	1. 运行系统，分析操作结果 2. 正确监控梯形图	30	1. 系统通电操作错误一步扣 3 分 2. 分析操作结果错误一处扣 2 分 3. 监控梯形图错误一处扣 2 分		
安全生产	遵守安全文明生产规程	10	1. 每违反一项规定，扣 3 分 2. 发生安全事故，按 0 分处理		
时间	30min		提前正确完成，每 5min 加 2 分 超过定额时间，每 5min 扣 2 分		
开始时间：		结束时间：		实际时间：	

注：根据不同的实验设备和要求，可制定不同的评分标准。

[课后思考]

1.1　分析图 1-27 所示梯形图的逻辑关系，并上机实验观察输出结果。

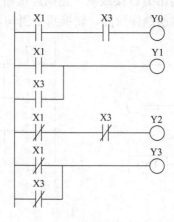

图 1-27　题 1.1 梯形图

1.2 PLC 外部结构有哪些？并指出 FX_{1N}-40MR 的含义？

1.3 PLC 中输入 X、输出 Y 软继电器有哪些特点？各反映了外部设备何种工作状态？

1.4 FX_{2N}-32MR 型号的 PLC，其中输入点有 16 个，输出点有 16 个，写出各点的编号。

1.5 PLC 输入/输出的接线方式有哪些？根据实际情况应如何选择接线方式？

项目 2　PLC 控制七段数码管的显示

〔学习目标〕

1. 了解基本的数字逻辑关系及表示方法。
2. 掌握利用逻辑关系分析法设计梯形图。
3. 注意梯形图编程的原则。
4. 熟悉 PLC 基本逻辑指令的用法。
5. 掌握功能指令中的七段译码指令 SEGD 的应用。

〔技能目标〕

1. 会熟练地将梯形图与指令语句相互转换。
2. 会运用数字逻辑关系分析法设计七段数码管控制程序。

〔实操训练〕

1. 项目任务分析

在生产或生活中，常用"七段数码管"作为数字显示，如交通信号灯的时间提醒、产品数量显示等等，如图 2-1 所示。

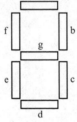

图 2-1　七段数码管图示

采用 PLC 控制数码管的数字显示，控制要求为：有 1、2、3 三个数字按钮，当按下某数字按钮，数码管则显示相应的数字。

2. 参考操作步骤

1）分配 I/O 端口。如表 2-1 所示，其中七段数码管 a～g 分别由 PLC 的 Y0～Y6 输出继电器控制。

表 2-1　输入/输出端口分配

输　　入		输　　出	
输入设备名称	输入端口	输出设备名称	输出端口
1 号数字按钮	X1	七段数码管 (a、b、c、d、e、f、g)	Y0～Y6
2 号数字按钮	X2		
3 号数字按钮	X3		

2）画输入/输出（I/O）接线图。接线图如图 2-2 所示。

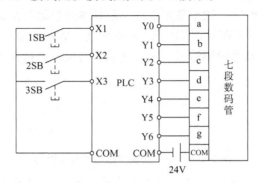

图 2-2　七段数码管与 I/O 接线图

3）设计梯形图。梯形图如图 2-3 所示。

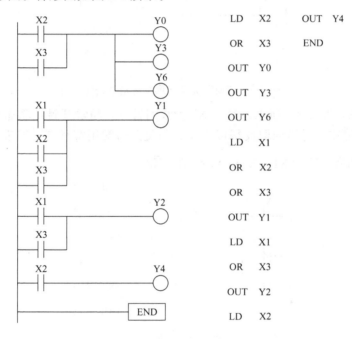

图 2-3　数码显示控制梯形图与指令语句

4）连接 PLC 外围设备。根据 I/O 接线图，PLC 关机状态下，正确连接输入、输出设备（三个数字键、七段数码管和电源）。

5）写入程序。打开 PLC 电源，将方式开关置于 STOP 状态下，通过编程器输入所给出的指令语句。

6）运行 PLC。将方式开关置于 RUN 状态下，运行程序。按下各数字按钮，观察 PLC 控制数码管显示结果。

[知识链接]

1. 数字逻辑关系与梯形图的设计

（1）数字逻辑关系　PLC 最基本的应用是取代传统的继电器控制系统，实现逻辑控制和顺序控制，其中通常为开关量的逻辑控制。所谓开关量即只有接通"ON"和断开"OFF"两种状态，通常用"1"和"0"数字量来描述。最基本的逻辑关系有与、或、非三种关系。

1）"与"关系。如图 2-4 所示，X1、X3 触点串联，表示两触点必须同时闭合，Y0 才能驱动输出设备工作。与关系通常用符号"·"表示，其逻辑表达式为：Y0＝X1·X3。

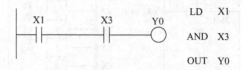

图 2-4 "与"关系梯形图与指令语句

2）"或"关系。如图 2-5 所示，X1、X3 触点并联，表示 X1 或者 X3 任意一个触点闭合，Y1 就驱动输出设备工作。或关系通常用符号"＋"表示，其逻辑表达式为：Y1＝X1＋X3。

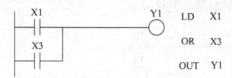

图 2-5 "或"关系梯形图与指令语句

3）"非"关系。如图 2-6 所示，X1、X3 为常闭触点，与常开触点状态相反，即逻辑关系为"非"，在程序中通过指令取反得以实现。非关系通常用符号"—"表示，图 2-6 所示的逻辑表达式分别为：$Y2＝\overline{X1}·\overline{X3}$ 和 $Y3＝\overline{X1}＋\overline{X3}$。

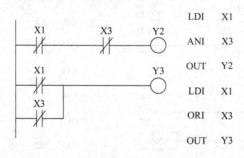

图 2-6 "非"关系梯形图与指令语句

（2）数字逻辑设计法 数字逻辑设计法是依据电路的逻辑功能，找出其输入或其他信号与输出控制对象的逻辑关系，从而来设计梯形图的方法。一般步骤如下：

1）依据电路的控制要求，分析各输入量与输出量之间的逻辑关系。

2）列出逻辑关系表达式。

3）由逻辑表达式画出梯形图。

4）再将梯形图转换成 PLC 指令语句。

2. 基本逻辑指令的用法

（1）逻辑取与线圈驱动指令（LD、LDI、OUT）

1）LD（Load）。取指令，与左母线相连的第一个常开触点，如图 2-4 和 2-5 所示。

2）LDI（Load Inverse）。取反指令，与左母线相连的第一个常闭触点，如图 2-6 所示。

3）OUT。线圈的驱动指令，所有线圈驱动均用 OUT，线圈与右母线相连，右母线可以省略，如图 2-4 所示。

（2）触点串联指令（AND、ANI）

1）AND。与指令，两个或两个以上的常开触点的串联，如图 2-4 所示。

2）ANI（And Inverse）。与非指令，常闭触点的串联指令，如图 2-6 梯形图中第一逻辑行所示。

（3）触点并联指令（OR、ORI）

1）OR。或指令，用于单个常开触点的并联，如图 2-5 所示。

2）ORI（Or Inverse）。或非指令，单个常闭触点的并联，如图 2-6 梯形图中第二逻辑行所示。

（4）复杂逻辑电路块指令（ORB、ANB）

1）ANB（And Block）。块与指令，即电路块连接指令。两个或两个以上的触点并联连接的电路称为并联电路块，在将并联电路块相串联连接时使用 ANB 指令。并联电路块的起点用“LD 或 LDI”指令，在并联电路块结束后，使用 ANB 指令与前面电路相串联。如图 2-7 所示。

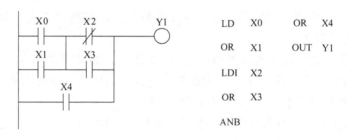

图 2-7　块与指令 ANB 的使用

2）ORB（Or Block）。块或指令，即电路块并联连接指令。两个或两个以上的触点连接的电路成为串联电路块，在将串联电路块并联连接时使用 ORB 指令。与左母线相连的支路起点要用“LD 或 LDI”指令，在串联电路块的终点，使用 ORB 指令与上面的电路并联。如图 2-8 所示。

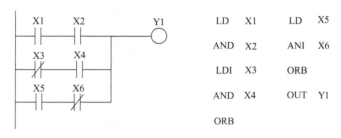

图 2-8　块或指令 ORB 的使用

注意：块指令 ANB、ORB 均无操作数。

3. 七段数码管数字显示的梯形图设计

（1）七段数码管的认识　如图 2-1 所示，数码管呈“日”字形状排列，共由七段（a、b、c、d、e、f、g）能够发光的管子组成。当显示“1”时，b、c 段的发光二极管亮；显示

"2"时，a、b、d、e、g 段的发光二极管亮，以此类推，七段数码管可显示 0~9 任何一个数字。

（2）七段数码管数字显示编程方法　采用数字逻辑设计法编写梯形图。

1）列出七段数码管与各个数字显示对应的关系，其中"1"表示输出该字段"亮"，"0"表示"不亮"。如表 2-2 所示。

表 2-2　七段数码管数字显示

七段数码管与对应的输出端口 数字与对应的输入端口	Y0 (a)	Y1 (b)	Y2 (c)	Y3 (d)	Y4 (e)	Y5 (f)	Y6 (g)
X1 (1)	0	1	1	0	0	0	0
X2 (2)	1	1	0	1	1	0	1
X3 (3)	1	1	1	1	0	0	1

2）列出 PLC 控制的各个输出 Y 与输入 X 的逻辑关系式。

$$Y0=X2+X3 \qquad Y1=X1+X2+X3 \qquad Y2=X1+X3$$
$$Y3=X2+X3 \qquad Y4=X2 \qquad\qquad Y6=X2+X3$$

例如，$Y0=X2+X3$ 表示 Y0 输出控制的 a 段数码管，在数字 2 或 3 时都会有显示，以此类推其他表达式的意义。

3）由以上逻辑表达式转换成梯形图，如图 2-2 所示。如果需要显示 0~9 任何数字，方法同上，需重新列表并改变各个输出 Y 的逻辑表达式，再转换为梯形图即可。

（3）梯形图设计的原则——不允许双线圈输出

对于初学者来说，在设计程序时，会出现 2-9 所示的梯形图。若采用此方法，PLC 运行后，输出结果不能显示正确的数字段。

注意：同一梯形图中"不允许双线圈输出"。即同一软继电器的线圈重复使用两次或两次以上，则称为双线圈输出。因此，Y1 线圈在梯形图中出现了两次，违反了这一编程原则，设计梯形图时需加以避免。

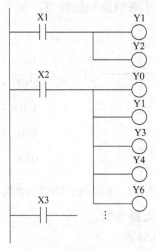

图 2-9　双线圈输出梯形图

双线圈输出时，只有最后一个线圈输出才有效，其原因是由于 PLC 循环扫描工作方式所决定的，后序项目中再作介绍。

[知识拓展]

PLC 控制七段数码管显示数字时，为了避免双线圈输出，梯形图设计过程比较繁琐。然而，PLC 提供了许多功能指令，在编程时可根据控制要求，选择合适的功能指令，将会使编程更加精炼、方便，大大提高了编程效率。为简化七段数码管显示程序，这里介绍功能指令中七段译码指令 SEGD 的应用，同时说明功能指令的表示方法。

1. 功能指令的表示

用功能框表示功能指令，功能框中包括了功能指令的操作码和操作数两部分，如图 2-10 所示。

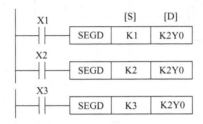

图 2-10　SEGD 七段指令的应用

（1）操作码部分　功能框第一段为操作码部分，表示该指令的用途。功能指令可以通过指令代码来表示，如 FNC73。为了便于记忆，每个功能指令都有一个助记符，对应 FNC73 的助记符是 SEGD，表示七段译码，在 FXGP 软件中可直接输入助记符 SEGD。在使用手持编程器输入功能指令时，需要输入功能号 FNC73，屏幕自动显示助记符 SEGD。

（2）操作数部分　功能框第一段之后都为操作数部分，即功能指令操作的对象。操作数部分依次分为"源操作数 [S]"、"目标操作数 [D]"。

[S]：（SOURSE）表示源操作数。若使用变址功能时，表示形式为 [S·]，有时源操作数不止一个，可用 [S1·] [S2·] 表示。

[D]：（DESTINATION）表示目标操作数。若使用变址功能时，表示形式为 [D·]，有时目标操作数不止一个，用 [D1·] [D2·] 表示。

例如，SEGD 指令是将源操作数 [S] 中指定的元件或常数低 4 位数，译码后送给目的操作数，源操作数所译码的信号存入目标操作数 [D] 所指定的元件中，详见译码表 2-3 所示。

表 2-3　SEGD 指令译码表

[S]		七段数码管	[D]								显示数据
十六进制	二进制		Y7	Y6	Y5	Y4	Y3	Y2	Y1	Y0	
0	0000		0	0	1	1	1	1	1	1	0
1	0001		0	0	0	0	0	1	1	0	1
2	0010		0	1	0	1	1	0	1	1	2

（续）

[S] 十六进制	[S] 二进制	七段数码管	[D] Y7	Y6	Y5	Y4	Y3	Y2	Y1	Y0	显示数据
3	0011		0	1	0	0	1	1	1	1	3
4	0100		0	1	1	0	0	1	1	0	4
5	0101		0	1	1	0	1	1	0	1	5
6	0110		0	1	1	1	1	1	0	1	6
7	0111		0	0	0	0	0	1	1	1	7
8	1000	Y0 / Y5 Y1 / Y6 / Y4 Y2 / Y3	0	1	1	1	1	1	1	1	8
9	1001		0	1	1	0	1	1	1	1	9
A	1010		0	1	1	1	0	1	1	1	A
B	1011		0	1	1	1	1	1	0	0	b
C	1100		0	0	1	1	1	0	0	1	C
D	1101		0	1	0	1	1	1	1	0	d
E	1110		0	1	1	1	1	0	0	1	E
F	1111		0	1	1	0	0	0	0	1	F

2. 七段译码指令 SEGD 的应用

七段译码指令 SEGD 使用概要如表 2-4 所示。

表 2-4　SEGD 七段译码指令概要

指令名称	助记符	指令代码	操作数 S（·）	操作数 D（·）	程序步
七段译码指令	SEGD	FNC73	K、H、KnX、KnY、KnM、KnS、T、C、D、V、Z	KnX、KnY、KnM、KnS、T、C、D、V、Z	5 步

表中使用符号说明如下：

其中，X、Y、M、S 为位元件。为此，PLC 专门设置了将位元件组合成为组合元件的方法，将多个位元件按 4 位一组的原则来组合。组合方法的助记符是：Kn＋最低位元件号。KnY0 中的 n 表示 4 位一组的组数，16 位数操作时为 K1～K4，32 位数操作时为 K1～K8。如 K2Y0 表示由 Y0～Y7 组成的 8 位数据，最低位是 Y0；K4Y10 表示由 Y10～Y27 组成的 16 位数据，Y10 是最低位。

在图 2-10 中，当 X1、X2 或 X3 分别闭合时，SEGD 指令将源操作数中常数 K 的数值译码后，送到目的操作数 K2Y0 中，即 Y0～Y7，驱动七段数码管显示。其中常数 K 表示十进制数（H 表示十六进制数），K2Y0 表示 2 组 4 位元件，共 8 位，以此表示 Y0～Y7。

［技能检验］

1. 将下面的逻辑表达式转换为梯形图和指令语句，并上机练习。

(1)　$Y0=[(X3+X4) \cdot X0 \cdot X1 \cdot X2]+X5$

(2)　$Y1=(X0+X1) \cdot (X2+X3) \cdot \overline{X4}$

2.PLC 控制七段数码管的数字显示。控制要求是分别按下 0~9 数字按钮，显示相应的数字。

[考核评价]

技能检验考核要求及评分标准如表 2-5 所示。

表 2-5　考核评价表

考核项目	考 核 要 求	配分	评 分 标 准	扣分	得分
设备安装	1. 会分配端口、画 I/O 接线图 2. 会安装元件，按图完整、正确及规范接线 3. 按照要求编号	30	1. 不能正确分配端口，扣 5 分，画错 I/O 接线图，扣 5 分 2. 错、漏线每处扣 2 分 3. 错、漏编号，每处扣 1 分		
编程操作	1. 会采用数字逻辑法设计程序 2. 正确输入梯形图 3. 正确保存文件 4. 会转换梯形图 5. 会传送程序	30	1. 不能设计出程序或设计错误扣 10 分 2. 输入梯形图错误一处扣 2 分 3. 保存文件错误扣 4 分 4. 转换梯形图错误扣 4 分 5. 传送程序错误扣 4 分		
运行操作	1. 运行系统，分析操作结果 2. 正确监控梯形图	30	1. 系统通电操作错误一步扣 3 分 2. 分析操作结果错误一处扣 2 分 3. 监控梯形图错误一处扣 2 分		
安全生产	遵守安全文明生产规程	10	1. 每违反一项规定，扣 3 分 2. 发生安全事故，按 0 分处理		
时间	45min		提前正确完成，每 5min 加 2 分 超过定额时间，每 5min 扣 2 分		
开始时间：		结束时间：		实际时间：	

[课后思考]

2.1　根据下列指令语句，画出对应的梯形图。

步 序 号	指 令 语 句	步 序 号	指 令 语 句	步 序 号	指 令 语 句
0	LD　X0	6	AND　X5	12	AND　M1
1	AND　X1	7	LD　X6	13	ORB
2	LD　X2	8	AND　X7	14	AND　M2
3	ANI　X3	9	ORB	15	OUT　Y4
4	ORB	10	ANB		
5	LD　X4	11	LD　M0		

2.2 写出图 2-11 所示梯形图的指令语句。

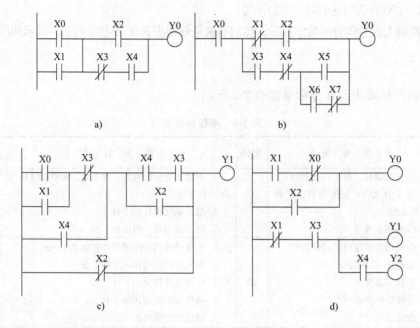

图 2-11 题 2.2 梯形图

2.3 PLC 控制七段数码管字母的显示，控制要求是分别按下 A~F 字母按键，显示相应的字母。

2.4 功能指令有哪几部分组成？指出图 2-12 所示功能指令各符号的含义，并指出源、目的操作数。

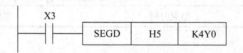

图 2-12 题 2.4 功能指令应用

项目 3　PLC 控制三相异步电动机连续运行

[学习目标]

1. 掌握 PLC 实现起动、保持、停止的基本编程方法。
2. 注意梯形图编程的原则。
3. 掌握置位 SET、复位 RST 指令的应用。
4. 熟悉事件分析法设计梯形图的方法和步骤。
5. 认识交替输出指令 ALT 的功能与使用方法。

[技能目标]

1. 会将继电器控制的电路改为 PLC 控制。
2. 会采用事件分析法设计 PLC 梯形图。

[实操训练]

1. 项目任务分析

在电力拖动系统中，采用继电器控制方式实现对三相异步电动机的连续控制，如图3-1所示。其中，控制的核心器件是电磁式交流接触器 KM，它是通过电磁线圈产生吸力，带动触头动作的。通常将继电器控制电路分为主电路和控制电路两部分。

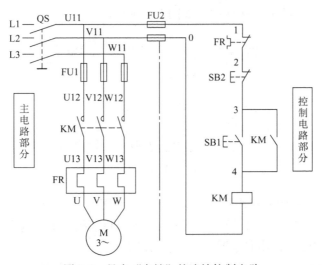

图 3-1　具有"自锁"的连续控制电路

继电器控制电路工作原理，如图 3-2 所示。

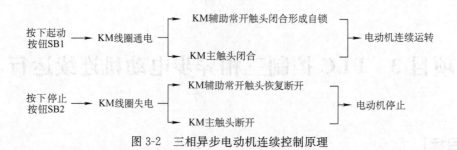

图 3-2　三相异步电动机连续控制原理

设计 PLC 控制三相异步电动机连续运转，功能要求如下：

1）当接通三相电源时，电动机 M 不运转。

2）当按下 SB1 正转起动按钮后，电动机 M 连续运转。

3）当按下 SB2 停止按钮后，电动机 M 停转。

4）热继电器作过载保护，FR 触头动作，电动机立即停止。

2. 参考操作步骤

1）分配 I/O 端口。如表 3-1 所示。

表 3-1　输入/输出端口分配

输　　　入		输　　　出		
输入设备名称	输入端口	输出设备名称		输出端口
起动按钮 SB1	X1	接触器线圈	KM	Y0
停止按钮 SB2	X2			
热继电器 FR	X3			

2）画出输入/输出（I/O）接线图。如图 3-3 所示。

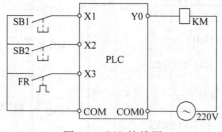

图 3-3　I/O 接线图

3）设计梯形图。梯形图如图 3-4 所示，图 3-4a 与图 3-4b 等效。

4）安装主电路。按照图 3-1 所示主电路，先后安装三相电源、组合开关 QS、主熔断器 FU1、接触器 KM 主触头、热继电器 FR 及电动机 M。

5）连接 PLC 外围设备。I/O 接线如图 3-3 所示，在 PLC 关机状态下，正确连接输入设备（起动按钮 SB1、停止按钮 SB2、热继电器 FR 常开触头）和输出设备（交流接触器 KM 的线圈以及 220V 交流电源）。

6）写入程序。打开 PLC 电源，将方式开关置于 STOP 状态下，通过编程器输入由梯形

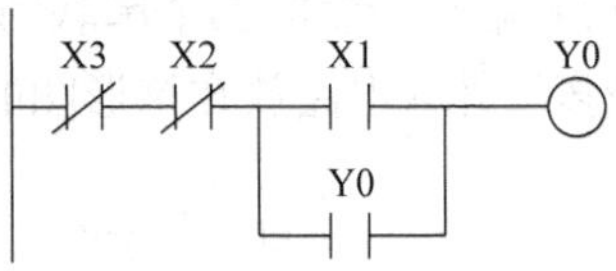

```
LDI    X3
ANI    X2
LD     X1
OR     Y0
ANB
OUT    Y0
END
```

a）实现方法一

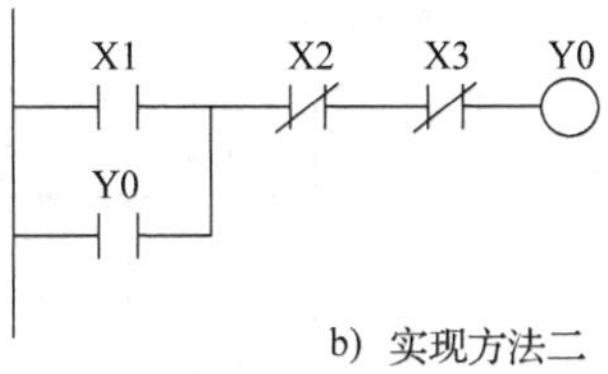

```
LD     X1
OR     Y0
ANI    X2
ANI    X3
OUT    Y0
END
```

b）实现方法二

图 3-4　PLC 控制起动、保持、停止电路

图转换后的指令语句。

7）运行 PLC。将方式开关置于 RUN 状态下，运行程序，按下按钮，观察电动机运行状况。

[知识链接]

1. 三相异步电动机连续控制的梯形图设计

（1）梯形图设计　对继电器控制技术较为熟悉的电气技术人员来说，从继电接触器控制电路原理图转到 PLC 梯形图是比较容易的。

两者的区别在于，前者使用硬器件，靠导线连接形成控制电路，而后者使用 PLC 的内部存储器组成软器件，靠软件实现控制程序。然而，在设计思路上往往有相通之处。如图 3-1 中使用的 KM 接触器、SB 按钮均是实际的物理器件，由按钮 SB1 的常开触头作为起动按钮，常闭按钮 SB2 的常闭触头作为停止按钮，KM 的辅助触头的作用是"自锁"。在图 3-4 所示梯形图中 X1 起动，X2 停止，Y0 常开触点实现"自锁"，Y0 输出线圈驱动外部设备接触器 KM 的线圈。由此可见，PLC 的起动、保持、停止与继电器控制的起停过程逻辑相同，也都是通过"自锁"实现对电动机的连续控制。

注意：

1）在电力拖动电路中，PLC 取代了传统继电器电气原理图中复杂的控制电路部分，而主电路部分不变。

2）在继电器控制电路中，所使用的停止按钮为按钮的常闭触头（如图 3-1 中停止按钮 SB2），而 PLC 的 X2 输入端口所接的停止按钮却采用常开触头（如图 3-3 所示），其实这并不矛盾，因为在梯形图程序中，X2 状态通过指令取反后为"1"，即为闭合状态，逻辑上仍然保持一致。

（2）梯形图设计原则——左重右轻、上重下轻　在图 3-4 所示梯形图中，虽然图 3-4a 和图 3-4b 所示梯形图程序运行结果是一样的，但是它们转换后的指令语句是不同的，图 3-4a

所示梯形图中用到了块指令 ANB，显然图 3-4b 所示梯形图转化的指令语句要少。因此为使程序简洁，编制梯形图时，还需要注意"左重右轻、上重下轻"的原则。

"上重下轻"指有串联电路相并联时，应将触点最多的那个串联回路放在梯形图最上面；"左重右轻"指并联电路相串联时，应将触点最多的并联电路放在梯形图的最左边。如图 3-5 所示。

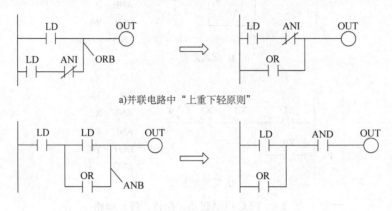

a)并联电路中"上重下轻原则"

b)串联电路中"左重右轻原则"

图 3-5　梯形图编程原则

2. PLC 起动、保持和停止控制方式

起动、保持、停止功能电路是 PLC 控制电路的最基本环节。它经常用于对内部辅助继电器和输出继电器进行控制。此电路有两种不同的基本形式，起动优先控制方式和停止优先控制方式。

（1）起动优先控制方式　如图 3-6a 所示，当起动信号 X0 闭合时，无论停止信号 X1 的状态如何，Y0 总被起动。X1 常闭与 Y0 常开触点实现自锁。当起动信号 X0 断开后，停止信号 X1 闭合，其常闭触点 $\overline{X1}$ 断开，Y0 失电。

该电路中，若起动信号 X0 与停止信号 X1 同时作用，起动信号有效，故此电路称为起动优先控制方式。这种方式常用于报警设备、安全防护及救援设备，需要准确可靠的起动设备。

（2）停止优先控制方式　如图 3-6b 所示，当起动信号 X0 闭合时，通过停止信号 X1 的常闭触点使 Y0 得电，Y0 常开实现自锁；当停止信号 X1 的常闭触点 $\overline{X1}$ 断开时，无论起动信号状态如何，Y0 线圈立即失电。

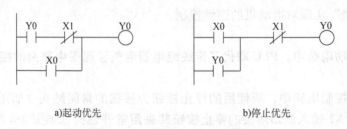

a)起动优先　　　　　　　　　　　　b)停止优先

图 3-6　起动、保持、停止控制方式

该电路中，若起动信号 X0 与停止信号 X1 同时作用时，停止信号有效，故此电路称为停止优先控制方式。这种方式常用于需要紧急终止设备运行的场合。

3. 置位 SET 和复位 RST 指令的应用

PLC 控制电路起动、保持、停止的方法，还可以通过特殊的基本指令来实现，即置位、复位指令。

1）SET。置位指令，操作保持指令。SET 指令使目标元件置"1"。

2）RST（Reset）。复位指令，操作复位指令。RST 指令使目标元件复位清零，能用于多个控制场合，可以对定时器 T、计数器 C、数据寄存器 D 的内容清零。

SET、RST 指令的使用如图 3-7 所示，图中的 X0 触点闭合，Y0 得电处于保持状态，即使 X0 再断开对 Y0 也无影响，Y0 得电的状态一直保持到 X1 触点闭合，即复位信号 RST 到来，使 Y0 停止。

图 3-7　SET、RST 指令的使用

4. 事件分析设计法

事件分析设计法是已知被控制对象的工作结果与工作条件的逻辑关系，这种关系可以用语言直接描述出来，并**以基本的起动、保持、停止为基础来设计程序的方法**。该设计方法简单，条理清楚，重点是分析出以事件为控制对象的各个要素。

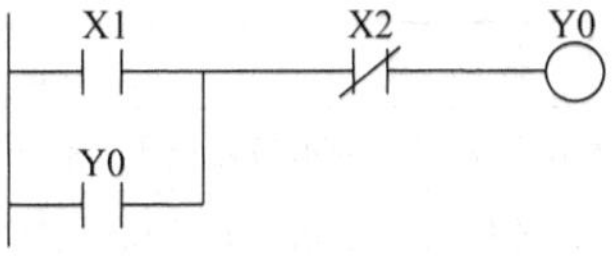

以 PLC 起动、保持、停止基本控制电路来说明事件分析法，如图 3-8 所示。

图 3-8 梯形图中只有一个逻辑行，该逻辑行对应的逻辑关系式为 $Y0=(X1+Y0)\cdot\overline{X2}$。可分为以下四要素：

图 3-8　起动、保持、停止控制梯形图

1）事件。梯形图中的一个逻辑行就是一个独立事件，也是 PLC 控制的对象。该事件的输出状态是由触点或触点的逻辑组合来控制的，图中 3-8 中 Y0 线圈即代表一个事件的工作状态。

2）事件发生的条件。就是使事件进入工作状态的条件，它是由触点的状态决定的，如图 3-8 中 Y0 进入工作状态条件是常开触点 X1 闭合。

3）事件持续的条件。即事件进入工作状态持续工作的条件。如图 3-8 中 Y0 常开触点形成自锁，使 Y0 线圈保持工作状态。

4）事件终止的条件。即事件退出工作状态的条件。如图 3-8 中 X2 常闭触点断开使 Y0 线圈失电，工作结束。

事件分析设计法应用举例，自动热水器的控制如图 3-9 所示。以此为例，来说明事件分析法设计梯形图的一般步骤。

（1）事件描述（自动热水器的控制过程）

1）进水阀 YV1 在得到进水指令（进水按钮 SB1 输入）或水箱处于低水位（下水位开关 SQ2 动作）后自动打开，直到水箱注满水（上水位开关 SQ1 动作）后自动关闭。

2）加热器 R 在水箱里注满水（上水位开关 SQ1 动作）并且温度较低（低温检测开关

TL 动作）时开始加热，加热到一定温度（高温检测开关 TH 动作）后停止加热。

3）出水阀 YV2 在得到出水指令（由面板上出水按钮 SB2 输入）并且水箱内有热水（高温检测开关 TH 动作）时打开，在得到停止出水指令（由面板上按钮 SB3 输入）且水不热（低温检测开关 TL 动作），及水箱水位低（下水位开关 SQ2 动作）时自动关闭。

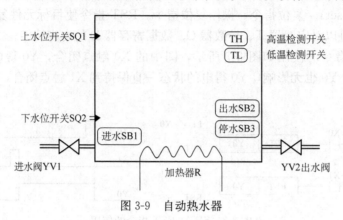

图 3-9　自动热水器

（2）事件各要素

分析自动热水器中事件的各个要素及各要素之间的逻辑关系，如表 3-2 所示。

表 3-2　事件各个要素

事　件	发 生 条 件	保 持 条 件	终 止 条 件
进水阀 YV1	进水按钮或下水位开关 SB1+SQ2	YV1	上水位开关 $\overline{SQ1}$
加热器 R	上水位开关和低温检测开关 SQ1·TL	R	高温检测开关 $\overline{TH}$
出水阀 YV2	出水按钮和高温检测开关 SB2·TH	YV2	停止按钮、低温检测开关和低水位开关 $\overline{SB3}·\overline{TL}·\overline{SQ2}$

（3）列出逻辑表达式

1）$YV1=(SB1+SQ2+YV1)·\overline{SQ1}$

2）$R=(SQ1·TL+R)·\overline{TH}$

3）$YV2=(SB2·TH+YV2)·\overline{SB3}·\overline{TL}·\overline{SQ2}$

（4）I/O 端口地址分配，如表 3-3 所示。

表 3-3　输入/输出端口分配

输　入		输　出	
输入设备名称	输入端口	输出设备名称	输出端口
进水按钮 SB1	X0	进水阀 YV1	Y0
出水按钮 SB2	X1	加热器 R	Y2
停水按钮 SB3	X2	出水阀 YV2	Y1
上水位开关 SQ1	X3		
下水位开关 SQ2	X4		
高温检测开关 TH	X5		
低温检测开关 TL	X6		

（5）设计梯形图

将分配后的端口地址代入上述逻辑表达式中,再由逻辑表达式转换为梯形图,如图 3-10 所示。

1）$Y0 = (X0 + X4 + Y0) \cdot \overline{X3}$

2）$Y2 = (X3 \cdot X6 + Y2) \cdot \overline{X5}$

3）$Y1 = (X1 \cdot X5 + Y1) \cdot \overline{X2} \cdot \overline{X6} \cdot \overline{X4}$

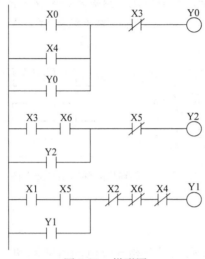

图 3-10　梯形图

[知识拓展]

FX 系列 PLC 功能指令中,交替输出指令 ALT 的应用,可以实现起动、保持和停止的控制,如图 3-11 所示,用一个按钮控制起停。

图 3-11　交替输出指令控制起停

1. 交替输出指令 ALT 的功能

交替输出指令 ALT 使用概要,如表 3-4 所示。

表 3-4　ALT 交替输出指令概要

指令名称	助记符	指令代码	操作数 D（·）	程序步
交替输出指令	ALT(P)	FNC66	Y、M、S	3 步

表中使用符号说明如下:

（P）表示为脉冲执行方式。PLC 是以循环扫描方式工作的,在执行条件满足时仅执行一个扫描周期，若在指令中无（P），则默认为连续执行，即 PLC 在每次扫描周期都会执行指令。某些功能指令在使用连续执行方式时应特别注意。

每执行一次 ALT 指令，目标元件 [D] 的输出状态取反。如图 3-11 所示，当按下按钮，即 X0 闭合，执行 ALTP 指令，使 Y0 置"1"，驱动外部设备连续工作。当再次按下按钮，即 X0 又一次闭合，ALTP 指令使输出状态取反，Y0 复位为"0"，外部设备停止工作。

2. 交替输出指令实现分频输出

如图 3-12 所示，用交替输出指令实现分频输出控制梯形图。每次 X0 由断开到接通（上升沿）时，Y0 的状态改变一次，再用 Y0 的常开触点作为 Y1 的 ALTP 指令的驱动输入，可产生二分频效果。

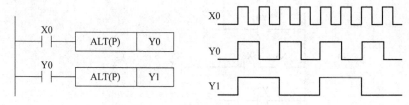

图 3-12　分频输出的梯形图与波形图

[技能检验]

1. 用复位、置位指令编程完成对三相异步电动机的起动、连续运行、停止的控制，并上机观察。

2. 采用事件分析法设计某机器加工自动线上的一个钻孔动力头，如图 3-13 所示。用 PLC 实现对钻孔动力头的控制，画出梯形图并写出指令语句。该动力头的加工过程如下：

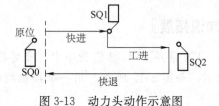

图 3-13　动力头动作示意图

1）动力头在原位时按下 SB 起动信号，电磁阀 YV1 闭合，动力头快进。

2）动力头碰到限位开关 SQ1，接通电磁阀 YV1 和 YV2，动力头由快进转入工进。

3）动力头碰到限位开关 SQ2 后，接通电磁阀 YV3，动力头快退，退回到原位 SQ0 处，一个工作流程结束，等待下一次工作起动信号。

[考核评价]

技能检验考核要求及评分标准如表 3-5 所示。

表 3-5　考核评价表

考核项目	考核要求	配分	评分标准	扣分	得分
设备安装	1. 会分配端口、画 I/O 接线图 2. 会安装元件，按图完整、正确及规范接线 3. 按照要求编号	30	1. 不能正确分配端口，扣 5 分，画错 I/O 接线图，扣 5 分 2. 错、漏线，每处扣 2 分 3. 错、漏编号，每处扣 1 分		

（续）

考核项目	考核要求	配分	评分标准	扣分	得分
编程操作	1. 会利用置位、复位指令设计程序 2. 会利用事件分析法设计程序 3. 正确输入梯形图 4. 正确保存文件 5. 会转换梯形图 6. 会传送程序	30	1. 不能设计出程序或设计错误扣10分 2. 输入梯形图错误一处扣2分 3. 保存文件错误扣4分 4. 转换梯形图错误扣4分 5. 传送程序错误扣4分		
运行操作	1. 运行系统,分析操作结果 2. 正确监控梯形图	30	1. 系统通电操作错误一步扣3分 2. 分析操作结果错误一处扣2分 3. 监控梯形图错误一处扣2分		
安全生产	遵守安全文明生产规程	10	1. 每违反一项规定,扣3分 2. 发生安全事故,0分处理		
时间	45min		提前正确完成,每5min加2分 超过定额时间,每5min扣2分		
开始时间:		结束时间:		实际时间:	

[课后思考]

3.1 PLC控制起动、保持、停止电路有哪几种方式？各应用于哪些场合？

3.2 事件分析法设计梯形图时,需要分析哪些要素？设计步骤是什么？

3.3 功能指令有哪两种执行方式？观察图 3-11 中交替输出指令 ALT 有无 P 的两种运行结果。

3.4 分析下图 3-14 梯形图原理,并上机观察结果。

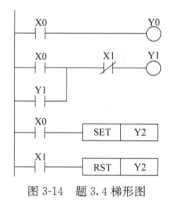

图 3-14 题 3.4 梯形图

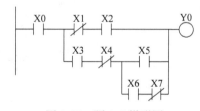

图 3-15 题 3.5 梯形图

3.5 根据梯形图编程原则,简化图 3-15 梯形图。

3.6 设计一个汽车库自动门 PLC 控制系统。当汽车到达车库门前,超声波开关接收到汽车来的信号,库门上升,当升到顶点碰到上限位开关门停止,当汽车驶入车库后,光电开关发出信号,门下降,当下降到底部碰到下限位开关后,门关停止。试采用事件分析法设计梯形图。

项目4 PLC 控制三相异步电动机点动与连续运行

[学习目标]

1. 了解 PLC 的工作方式及工作过程。
2. 利用 I/O 状态分析法，分析用户程序的变化过程。
3. 掌握 PLC 辅助继电器 M 的类型与用法。
4. 熟悉常用特殊辅助继电器的用法。

[技能目标]

1. 会采用"分隔式"接线连接 PLC 外围设备。
2. 会采用辅助继电器 M 设计梯形图程序。

[实操训练]

1. 项目任务分析

电力拖动中，采用继电器控制方式实现对三相异步电动机点动与连续运行的控制，如图 4-1 所示。

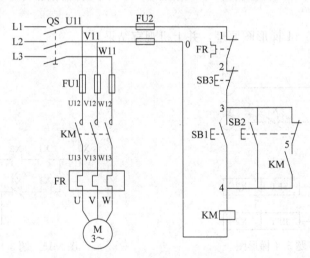

图 4-1 点动与连续控制电路

继电器控制电路工作原理，如图 4-2 所示。

设计 PLC 控制三相异步电动机点动与连续运行，功能要求如下：

1) 当接通三相电源时，电动机 M 不运转。

2) 当按下 SB1 连续起动按钮后，电动机 M 实现连续运转，按下 SB3 停止按钮后，电

38

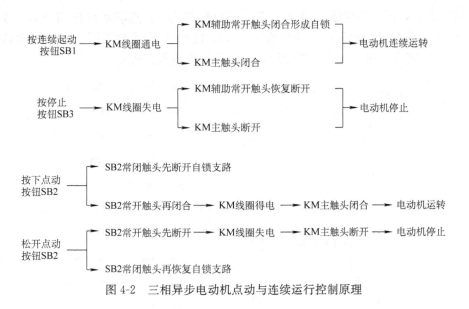

图 4-2　三相异步电动机点动与连续运行控制原理

动机 M 停转。

3）当按下 SB2 点动按钮后，电动机 M 运转，松开 SB2，电动机 M 停止，实现对电动机 M 的点动控制。

4）热继电器作过载保护，FR 的触头动作电动机立即停止。

5）电动机 M 运转时指示灯亮，电动机 M 停止时指示灯立即熄灭（由直流 24V 供电）。

2. 参考操作步骤

1）分配 I/O 端口。根据功能要求，列出输入控制信号和输出控制的对象，如表 4-1 所示。

表 4-1　输入/输出端口分配

输　入		输　出	
输入设备名称	输入端口	输出设备名称	输出端口
连续按钮 SB1	X1	接触器线圈 KM	Y0
点动按钮 SB2	X2	电动机运转指示灯 HL	Y1
停止按钮 SB3	X3		
热继电器常开触点 FR	X4		

2）绘制 I/O 接线图。接线图如图 4-3 所示。

3）设计梯形图。梯形图如图 4-4 所示。（这里给出两种不同的梯形图，分析并上机观察 PLC 运行结果，找出问题。）

4）安装主电路。按照图 4-1 所示主电路，先后安装三相电源、组合开关 QS、主熔断器 FU1、接触器 KM 主触头、热继电器 FR 及电动机 M。

5）连接 PLC 外围设备。根据 I/O 接线图，

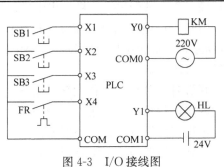

图 4-3　I/O 接线图

PLC 关机状态下，正确连接输入设备（连续起动按钮 SB1、点动起动按钮 SB2、停止按钮 SB3、热继电器 FR 常开触头）和输出设备（交流接触器 KM 的线圈、电动机运转指示灯 HL 以及 220V 交流电源、24V 直流电源，采用分隔式接线方式）。

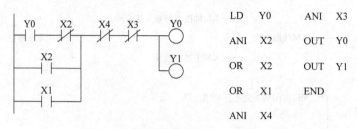

LD Y0	ANI X3
ANI X2	OUT Y0
OR X2	OUT Y1
OR X1	END
ANI X4	

a)由继电器控制电路直接转换而来的梯形图(不能实现点动)

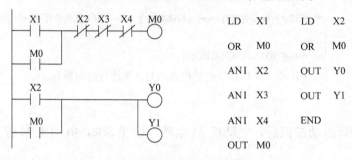

LD X1	LD X2
OR M0	OR M0
ANI X2	OUT Y0
ANI X3	OUT Y1
ANI X4	END
OUT M0	

b)通过辅助继电器设计的梯形图

图 4-4 点动与连续控制梯形图和指令语句

6）写入程序。打开 PLC 电源，方式开关置于 STOP 状态下，通过编程器输入指令语句。

7）运行 PLC。将方式开关置于 RUN 状态下，运行程序，先后按下连续按钮、点动按钮，观察电动机运行状况。

[知识链接]

1. PLC 的工作原理

PLC 源于用计算机控制来取代继电器控制，所以 PLC 与计算机有相同之处，如具有相同的基本结构（包括 CPU、存储器、输入/输出单元电路等）和相同的指令执行原理。但是，两者在工作方式上却有着重要的区别，不同之点体现在 PLC 的 CPU 采取循环扫描，集中进行输入采样和集中进行输出刷新的工作方式上。

（1）PLC 循环扫描工作方式与工作过程 PLC 工作过程如图 4-5 所示，一般包括四个阶段：初始化处理、输入采样、用户程序处理、输出刷新。

开机时，PLC 首先作内部初始化处理，CPU 清除 I/O 映像区中的内容，然后进行自诊断，检测存储器、CPU 及 I/O 部件状态，再进行与外设的通信处理等。

初始化处理确认正常之后，并且 PLC 方式开关置于 RUN 位置时，PLC 才进入独特的循环扫描过程，即周而复始地执行输入

图 4-5 PLC 循环扫描的工作过程

采样、程序处理、输出刷新。

1）输入采样阶段。在输入信号处理阶段，CPU 对输入端进行扫描，将获得的各个输入端子的信号送到输入暂存器存放。在同一扫描周期内，某个输入端的信号在输入暂存器中一直保持不变。不会受到各个输入端子信号变化的影响，因此不会造成运算结果的混乱，保证了本周期内用户程序正确的执行。

2）程序处理阶段。当输入端子的信号全部进入输入暂存器后，PLC 进行用户程序的处理，它对用户程序进行从上到下（从 000 句到结束语句）依次扫描，并根据输入暂存器的输入信号和有关指令进行运算和处理，最后将结果写入输出暂存器中。

3）输出刷新阶段。这个阶段 CPU 对用户程序的扫描已处理完毕，并将输出信号从输出暂存器中取出，送到输出锁存电路，驱动输出，控制被控设备进行各种相应的动作。然后，CPU 又返回执行下一个循环扫描周期。

（2）PLC 循环扫描过程中处理输入、输出的特点

1）定时集中输入采样。PLC 对输入端子的扫描只是在输入处理阶段进行。当 CPU 进入程序处理阶段后，输入端将被封锁，直到下一个扫描周期的输入处理阶段才对输入状态端进行新的扫描。这种定时集中采样的工作方式，保证了 CPU 执行程序时和输入端子隔离断开，输入端的变化不会影响 CPU 的工作，提高了 PLC 的抗干扰能力。

2）集中输出处理。PLC 的输出数据是由暂存器送到输出锁存器，再经输出锁存器送到输出端子上。PLC 在一个工作周期内，其输出暂存器中的数据跟随输出指令执行的结果而变化，而输出锁存器中的数据一直保持不变，直到最后阶段才对输出锁存器的数据刷新，这种集中输出的工作方式使 PLC 在执行程序时，输出锁存器一直与输出端子处于隔离断开状态，从而也保证 PLC 的抗干扰能力，提高了 PLC 的可靠性。

因此，PLC 内部的 I/O 映像区用于分别存放执行程序之前的各输入状态和执行过程中各结果的状态。

（3）PLC 与传统继电器工作方式的不同点　在继电器控制电路中，所采用的物理器件工作方式与 PLC 工作方式是截然不同的。一个继电器线圈的通断，将立即引起该继电器所有常开或常闭触头动作，与触头在控制电路中的位置无关，因此继电器控制采用并行工作方式。**而 PLC 采用循环扫描工作方式，在 CPU 执行程序阶段，只有扫描到各软触点才会产生相应的动作。**由于 CPU 的运算处理速度很高，使得从外观上看，用户程序似乎是同时执行的。

注意：PLC 程序设计中要充分考虑与继电器控制方式上的差异，绝不能按原继电器控制电路生搬硬套。图 4-1 所示继电器控制电路中的复合按钮 SB2，其常开、常闭触点的动作总是遵循"先分断后闭合"的过程，能够完成"点动"控制。在图 4-4a 所示梯形图中，X2 的常开、常闭仍采用这样的方式去分析设计，由于 PLC 的工作方式，将导致 PLC 在运行程序时，出现不能"点动"的控制。

2．PLC 执行程序的过程分析

（1）程序（梯形图）的 I/O 状态分析法　PLC 以循环扫描方式执行程序，根据梯形图的逻辑关系，分析 PLC 在每个扫描周期中 I/O（输入/输出）暂存器的状态，并考虑各个输入、输出点在不同扫描周期内的状态变化，利用此方法对程序（梯形图）控制顺序进行分析和检验，因此称为 I/O 状态分析法。如图 4-6 所示。

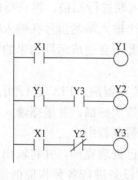

I/O 状态与周期		X1=0	X1=1	
指令语句		一	二	三
LD	X1	0	1	1
OUT	Y1	0	1	1
LD	Y1	0	1	1
AND	Y3	0	0	1
OUT	Y2	0	0	1
LD	X1	0	1	1
ANI	Y2	1	1	0
OUT	Y3	0	1	0

图 4-6　程序的 I/O 状态分析法

将已知输入信号状态代入到梯形图各个逻辑行中进行逻辑运算，便可以得到本周期的各个输出状态。依次分析下一个扫描周期，并把每个周期的各个输入、输出状态列入表格，可以清楚看到程序执行后输入、输出状态变化的结果。

按照 I/O 状态分析法，分析图 4-6 所示梯形图。在第一周期内已知 X1=0，代入逻辑行判断 Y1=0，由于 Y1=0，则 Y2=0，同时 X1=0，使 Y3=0，按 PLC 扫描的顺序，填入 I/O 状态表内。在第二周期内 X1=1，则 Y1=1，而在上一周期内 Y3=0，因此在第二逻辑行中的 Y3 触点仍然为 0，则 Y2=0。因 X1=1，且 $\overline{Y2}$=1，所以本周期内 Y3=1。以此类推，分析后序周期输入、输出状态的变化。

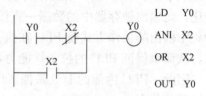

```
LD   Y0
ANI  X2
OR   X2
OUT  Y0
```

图 4-7　梯形图与指令语句

（2）"点动与连续运行"梯形图的过程分析　图 4-4a 所示梯形图设计是由继电器控制电路直接对应转换而来，然而 PLC 运行结果显示，PLC 仅实现对电动机的连续控制运行，却不能实现点动控制。即使按下 X2 端口的 SB2 点动按钮，电动机仍以连续运行方式运转。采用 I/O 状态分析法可以很直观的说明其原因。为了简化分析步骤，仅分析梯形图中要实现点动控制的梯形图，如图 4-7 所示。

由 I/O 状态分析表 4-2 所示，从第二到第五周期中，X2 状态由"1"变为"0"，即点动按钮 SB2 由接通到断开，Y0 输出状态却始终为"1"，也就使输出接触器 KM 线圈始终得电，控制电动机连续运转。因此，这样的梯形图设计，PLC 是不能实现点动控制的。

表 4-2　I/O 状态分析表

I/O 状态与周期	X2=0	X2=1		X2=0	
指令语句	一	二	三	四	五
LD Y0	0	0	1	1	1
ANI X2	1	0	0	1	1
OR X2	0	1	1	0	0
OUT Y0	0	1	1	1	1

3. 辅助继电器 M

PLC 中的辅助继电器 M 和继电器控制系统中的中间继电器 KA 的作用相似，仅供中间转换环节使用。FX$_2$ 系列 PLC 中有三种特性不同的辅助继电器，分别是通用辅助继电器（M0～M499）、断电保持辅助继电器（M500～M1023）和特殊功能辅助继电器（M8000～M8255）。

（1）通用辅助继电器　这些软继电器线圈在得电之后，全部处于 ON 状态，其所有触点动作。无论程序是如何编制的，一旦断电，再次通电之后，这些辅助继电器都恢复为 OFF 状态。如图 4-8 所示，由辅助继电器 M0 实现电路的"自锁"控制。

（2）断电保持辅助继电器　保持继电器有后备锂电池供电，所以在电源中断时能够保持它们原来的状态不变。当 PLC 再次通电之后，这些继电器会保持断电之前的状态。其他特性与通用继电器完全一样。

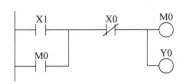

图 4-8　辅助继电器实现
"自锁"梯形图

PLC 内部辅助继电器的常开和常闭触点可无限次使用。在 FX 系列 PLC 中，除了输入 X 和输出 Y 继电器使用八进制编号外，其他所有的器件都采用十进制数编号。

注意：辅助继电器不能直接驱动外部负载，要驱动外部负载必须通过输出继电器 Y 才行。

4. 三相异步电动机点动与连续运行控制的梯形图设计

如图 4-4b 所示梯形图，采用了辅助继电器 M 作为中间控制环节，使 PLC 能够同时实现点动与连续运行的控制。

1）当 SB1 连续运行按钮闭合，X1＝1，则辅助继电器线圈 M0＝1，M0 自锁保持，使 Y0＝1，驱动外部设备连续工作，PLC 实现对电动机的连续控制。

2）当按下 SB2 点动按钮时，$\overline{X2}$＝0，X2 常闭触头断开使 M0＝0，辅助继电器 M0 失去自锁保持功能。同时 X2＝1，X2 常开闭合使 Y0＝1，驱动输出设备工作。当松开 SB2 点动按钮，X2＝0，使 Y0＝0，外部设备停止工作，PLC 实现对电动机的点动控制。

[知识拓展]

特殊辅助继电器的应用

特殊辅助继电器是指具有专门功能的一些辅助继电器，它的编号从 M8000 到 M8255，这 256 个辅助继电器区间是不连续的，也就是说，有一些辅助继电器是根本不存在，对这些没有定义的继电器无法进行有意义的操作。下面说明几个主要的特殊辅助继电器的用途。

（1）运行监控继电器 M8000　当 PLC 运行时，M8000 自动处于接通状态，当 PLC 停止运行时，M8000 处于断开状态。因此可以利用 M8000 的触点控制输出继电器 Y，用外部指示灯来显示程序是否运行，达到运行监视的作用，如图 4-9a 所示 M8000 是常开触点，M8001 同样是运行监控继电器，所不同的是 M8001 是常闭触点。

（2）初始化脉冲继电器 M8002　当 PLC 一开始运行时，M8002 就接通，自动发出宽度为一个扫描周期的单窄脉冲信号。M8002 常用作计数器和保持继电器的初始化信号等。

注意特殊辅助继电器 M8000、M8002 的区别，如图 4-9 所示梯形图。M8000 和 M8002 触点都是在 PLC 方式开关由 STOP 置为 RUN 瞬间动作，所不同的是，M8000 触点始终闭合，M8002 触点仅闭合一个扫描周期的时间就断开。M8002 常用于 PLC 控制的自起动电路，作为起动信号。

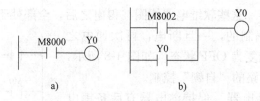

图 4-9　比较 M8000、M8002 的用法

（3）时钟脉冲发生器　　M8011、M8012、M8013、M8014 分别为 10ms、100ms、1s、1min 时钟脉冲。所谓时钟脉冲就是在同一段周期内，发出一个脉冲电信号。PLC 内的 10ms 时钟脉冲就是经过 10ms 产生一个脉冲，同样 100ms 的时钟脉冲的就是经过 100ms 有一个脉冲。其占空比为 50%，即每个脉冲持续时间（高电平时间）是时钟脉冲时间的一半，另一半时间为低电平。

如图 4-10 所示梯形图，利用 M8013 时钟脉冲，可实现信号灯的闪烁控制，Y0 输出继电器在 M8013 的控制下，驱动信号灯亮 0.5s，灭 0.5s。

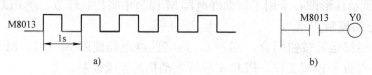

图 4-10　时钟脉冲波形与梯形图

（4）停止时数据保持继电器 M8033　　运行 PLC 后，若方式开关再次置于 STOP 状态，M8033 仍保持运行时的状态。如图 4-11 所示梯形图，运行 PLC 程序，X0 起动 M8033 线圈得电，其触点闭合，Y0 控制输出设备工作。若 PLC 方式开关再置于 STOP 状态，M8033 状态保持，Y0 控制输出设备继续工作。

（5）禁止全部输出继电器 M8034　　在执行程序时，一旦 M8034 接通，则所有输出继电器的输出自动断开，PLC 则没有输出，但这不影响 PLC 程序的执行。所以 M8034 常用于在系统发生故障时切断输出，而保留 PLC 程序的正常执行，有利于系统故障的检查和排除。

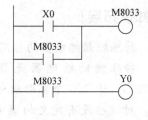

图 4-11　梯形图

如图 4-12 所示梯形图，当 X0、X1 起动，Y0、Y1 输出端口相应的设备连续工作，若 X2 闭合，M8034 特殊辅助继电器得电，则所有输出继电器自动断开，相应输出设备也停止工作；当 X2 断开，M8034 失电，Y0、Y1 输出端口的设备仍继续工作。

以上特殊辅助继电器的常开、常闭触点都可以无限次数使用。

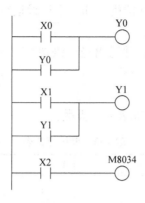

图 4-12　梯形图

[技能检验]

1. 如图 4-13 所示，上机观察 PLC 运行结果，并写出在三个周期内的 I/O 状态表。假定在第一周期 X1＝0，在第二个周期和第三个周期 X1＝1。

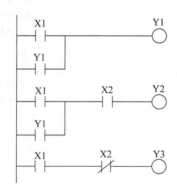

图 4-13　技能检验 1 梯形图

2. 图 4-14 所示为电动机点动与连续运行的继电器控制电路，该控制电路接上电源后，按下连续按钮 SB1，电动机连续运转，按下点动按钮 SB2，电动机点动运转，按下 SB3 电动机停转。用 PLC 设计控制系统，编程要求：

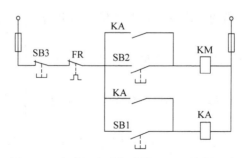

图 4-14　电动机点动与连续继电器控制电路

1）增加一个点动运行指示灯（黄色）和一个连续运行指示灯（绿色）。

2）列出输入/输出端口分配表。

3）画出梯形图和 I/O 接线图，并写出指令语句。

[考核评价]

技能检验考核要求及评分标准如表 4-3 所示。

表 4-3 考核评价表

考核项目	考核要求	配分	评分标准	扣分	得分
设备安装	1. 会分配端口、画 I/O 接线图 2. 会采用"分隔式"接线法 3. 按图完整、正确及规范接线 4. 按照要求编号	30	1. 不能正确分配端口，扣 5 分，画错 I/O 接线图，扣 5 分 2. 不会采用"分隔式"接线，扣 5 分 3. 错、漏线，每处扣 2 分 4. 错、漏编号，每处扣 1 分		
编程操作	1. 会利用 I/O 状态分析程序 2. 会利用辅助继电器 M 设计程序 3. 正确输入梯形图 4. 正确保存文件 5. 会转换梯形图 6. 会传送程序	30	1. 不能设计出程序或设计错误扣 10 分 2. 输入梯形图错误一处扣 2 分 3. 保存文件错误扣 4 分 4. 转换梯形图错误扣 4 分 5. 传送程序错误扣 4 分		
运行操作	1. 运行系统，分析操作结果 2. 正确监控梯形图	30	1. 系统通电操作错误一步扣 3 分 2. 分析操作结果错误一处扣 2 分 3. 监控梯形图错误一处扣 2 分		
安全生产	遵守安全文明生产规程	10	1. 每违反一项规定，扣 3 分 2. 发生安全事故，0 分处理		
时间	45min		提前正确完成，每 5min 加 2 分 超过定额时间，每 5min 扣 2 分		
开始时间：		结束时间：		实际时间：	

[课后思考]

4.1 简述 PLC 循环扫描的工作原理，并指出与继电器控制工作方式的不同之处。

4.2 利用 I/O 状态分析法，分析梯形图中为什么不允许出现双线圈输出？

4.3 简述特殊辅助继电器 M8000、M8002、M8013 的作用。

4.4 试写出图 4-15 所示梯形图在三个周期内的 I/O 状态表。假定在第一周期所有的输入信号均为 1，在第二个周期 X1＝1，X2＝0，在第三个周期 X1＝0，X2＝1。

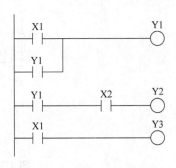

图 4-15 题 4.4 梯形图

4.5　分析图 4-16，能否实现"点动与连续运行"的控制？这样设计有什么缺点？

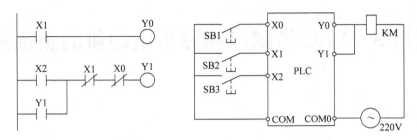

图 4-16　题 4.5 点动与连续运行控制梯形图与 I/O 接线图

项目 5　PLC控制三相异步电动机的正反转

[学习目标]

1. 了解经验设计法的一般步骤。
2. 了解联锁控制的意义，并掌握 PLC 联锁控制的设计要点。
3. 掌握栈指令在多路输出控制中的应用。
4. 熟悉主控指令的基本用法。

[技能目标]

1. 会运用"经验设计法"来设计梯形图程序。
2. 会运用"联锁控制"解决实际问题。

[实操训练]

1. 项目任务分析

如图 5-1 所示，继电器控制三相异步电动机的正反转电路。电路中通过接触器 KM 联锁避免主电路的相间短路，工作安全。由按钮 SB 联锁实现正反转的直接起动，操作方便。

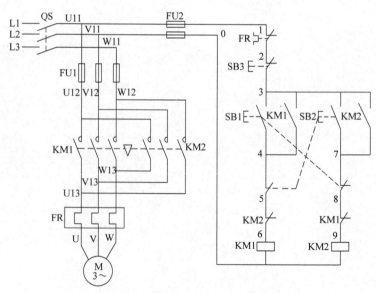

图 5-1　三相异步电动机正反转控制电路

继电器控制电路工作原理如图 5-2 所示。

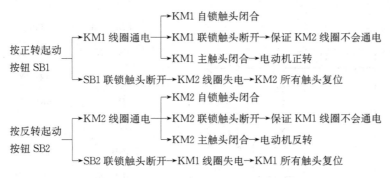

图 5-2　三相异步电动机正反转工作原理

设计 PLC 控制三相异步电动机的正反转，控制要求如下：

1) 接通三相电源时，电动机 M 不运转。
2) 当按下起动按钮 SB1，电动机 M 连续正转。
3) 当按下起动按钮 SB2，电动机 M 连续反转。
4) 按下停止按钮 SB3，电动机 M 立刻停止运行。
5) 热继电器过载保护，若触点 FR 动作，电动机立即停止。

2. 参考操作步骤

1) 分配 I/O 端口。I/O 端口分配如表 5-1 所示。

表 5-1　输入/输出端口分配

输　　入		输　　出	
输入设备名称	输入端口	输出设备名称	输出端口
正转起动按钮 SB1	X1	控制正转接触器 KM1	Y0
反转起动按钮 SB2	X2	控制反转接触器 KM2	Y1
停止按钮 SB3	X3		
热继电器常闭触点 FR	X4		

2) 绘制 I/O 接线图。如图 5-3 所示（PLC 输出端口增加硬件联锁触点）。

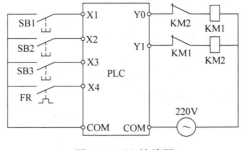

图 5-3　I/O 接线图

3) 设计梯形图。如图 5-4 所示（图 5-4a 与图 5-4b 所示梯形图程序运行结果相同）。

4) 安装主电路。按照图 5-1 所示主电路，正确连接三相电源、接触器 KM1 和 KM2 主触头（注意 KM1、KM2 主触头三相电的相序）、各保护装置及电动机 M。

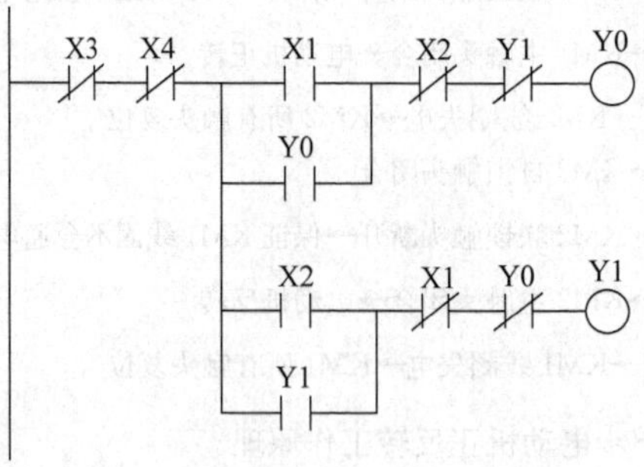

a) 使用栈指令编程

LDI X3	MPP
ANI X4	LD X2
MPS	OR Y1
LD X1	ANB
OR Y0	ANI X1
ANB	ANI Y0
ANI X2	OUT Y1
ANI Y1	END
OUT Y0	

b) 使用串联指令编程

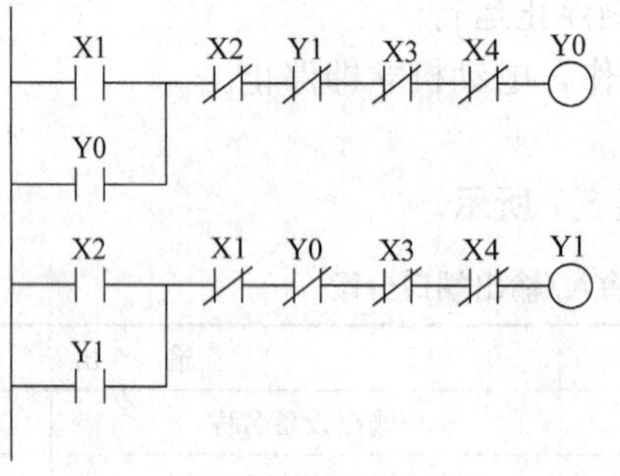

LD X1	OR Y1
OR Y0	ANI X1
ANI X2	ANI Y0
ANI Y1	ANI X3
ANI X3	ANI X4
ANI X4	OUT Y1
OUT Y0	END
LD X2	

图 5-4 三相异步电动机正反转控制梯形图

5) 连接 PLC 外围设备。根据 I/O 接线图，在 PLC 关机状态下，正确连接 PLC 外部设备（正反转起动按钮 SB1、SB2，停止按钮 SB3，热继电器 FR）和输出设备（交流接触器线圈 KM1、KM2，接触器联锁触点和交流 220V 电源）。

6) 写入程序。打开 PLC 电源，方式开关置于 STOP 状态下，通过编程器输入指令语句。

7) 运行 PLC。将方式开关置于 RUN 状态下，运行程序，操作并观察输出控制结果（包括接触器 KM1、KM2 动作状态及电动机运行状况）。

[知识链接]

1. 经验设计法

PLC 梯形图程序的设计没有固定模式，经验是很重要的。经验设计法是利用已经学习过的各种典型控制环节和基本单元控制电路，依靠经验来设计 PLC 控制系统，以满足生产机械和工艺过程的控制要求。由于依赖经验设计，故要求设计者有丰富的经验，要能掌握、熟悉大量控制系统的实例和各种典型环节。

PLC 控制是由继电器控制发展而来的，因此，延续传统继电器电气原理图的设计方案，也是 PLC 编程设计的一种经验和方法。如图 5-4 所示梯形图，基本上将原有的控制线路作适当的改动，然后使之成为符合 PLC 要求的控制程序，依赖这样的经验，大大简化了 PLC 控制程序的设计。

经验法设计 PLC 控制程序的一般步骤如下：

1) 分析控制要求，选择控制方案。可将生产机械的工作过程分成各个独立的简单运动，再分别设计这些简单运动的基本控制程序。

2) 设计主令元件和检测元件，确定输入输出信号。

3) 设计基本控制程序，根据制约关系，在程序中加入联锁触点。

4) 设置必要的保护措施，检查、修改和完善程序。

经验设计法也存在一些缺陷，需引起注意，生搬硬套的设计未必能达到理想的控制结果，如项目四中的"点动与连续运行"。另外，设计结果往往因人而异，程序设计不够规范，也会给使用和维护带来不便。因此经验设计法一般仅适用于简单的梯形图设计。

2. PLC 联锁控制

在生产机械的各种运动之间，往往存在着某种相互制约或者由一种运动制约另一种运动的控制关系，一般均采用联锁控制来实现。

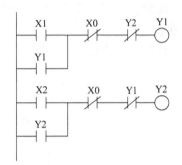

如图 5-5 所示，该联锁控制方式又被称为互锁。**为了使两个或者两个以上的输出线圈不能同时得电，将常闭触点串于对方控制电路中，以保证在任何时候都不能同时起动，达到互锁的控制要求。**图中，Y1 和 Y2 的常闭触点分别串接于线圈 Y2 和 Y1 的控制电路中，使 Y1 和 Y2 不可能同时得电。

图 5-5　联锁（互锁）控制梯形图

这种互锁控制方式经常用于控制电动机的减压起动、正反转、机床刀架的进给与快速移动、横梁升降及机床卡具的卡紧与放松等一些不能同时发生运动的控制。

3. 栈指令 MPS、MRD、MPP 的应用

利用栈指令实现多路输出的控制。所谓多路输出是指在编程时，经常会遇到多个输出线圈同时受一个或一组触点控制的情况，如图 5-6 所示。

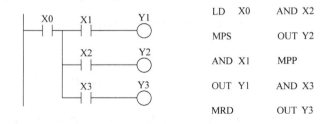

LD X0		AND X2
MPS		OUT Y2
AND X1		MPP
OUT Y1		AND X3
MRD		OUT Y3

图 5-6　采用栈指令处理多路输出

栈指令所完成的操作功能是将多输出电路中的公共触点的逻辑状态先存储，然后再用于后面的电路。使用此方法设计的梯形图较为直观，便于分析，尤其对于复杂的多路输出电

路，更容易实现。

1）MPS 进栈指令。使用一次 MPS 指令，就将公共触点的逻辑状态送入栈的第一段存储起来（即栈顶）。若再使用 MPS 指令，又将该时刻的逻辑状态送入栈的第一段存储，而将先前送入存储的数据依次移到栈的下一段。如图 5-6 所示，在公共触点 X0 串联 X1 之前，先使用 MPS 进栈指令，保存 X0 的状态。

2）MRD 读栈指令。读出栈中最上端所存储的最新数据，而栈内的数据不发生改变和移动。如图 5-6 所示，在公共触点 X0 串联 X2 之前，先使用读栈指令 MRD，从栈内读出 X0 的状态。

3）MPP 出栈指令。使用 MPP 指令，将栈内最上端的数据读出，同时该数据就从栈中消失。如图 5-6 所示，Y3 是最后一路输出，因此在公共触点 X0 串联 X3 之前，先使用出栈指令 MPP，从栈内调出 X0 的状态。

FX 系列的 PLC 中，有 11 个可存储中间结果的存储区域，是按照"先进后出"的原则进行存取的。

注意：这三条指令均无操作数；MPS、MPP 指令必须成对使用，且连续使用应少于 11 次。

栈指令的使用举例如图 5-7 所示。

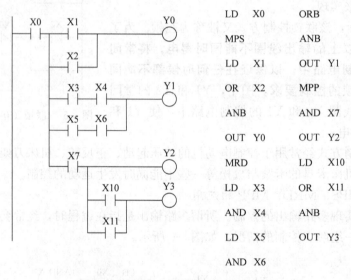

LD	X0	ORB	
MPS		ANB	
LD	X1	OUT	Y1
OR	X2	MPP	
ANB		AND	X7
OUT	Y0	OUT	Y2
MRD		LD	X10
LD	X3	OR	X11
AND	X4	ANB	
LD	X5	OUT	Y3
AND	X6		

图 5-7 栈指令应用梯形图与指令语句

4. 三相异步电动机正反转控制的梯形图设计

根据经验设计法，按照继电器电气原理图的设计方案，直接转换为 PLC 编程控制，如图 5-4 梯形图所示。

其中，X3 作为停止信号；X4 作为过载保护信号；X1、X2 常开触点作为正、反转起动信号，分别驱动 Y0、Y1 输出线圈；Y0、Y1 常开触点作为自锁，电动机实现正反转连续运行。

另外，梯形图中具有与继电器联锁控制相同的功能。为了使 Y0、Y1 输出继电器不能同时得电，将 Y0 的常闭触点串于 Y1 逻辑行，Y1 的常闭触点串于 Y0 的逻辑行中，Y0 和 Y1

输出继电器中任何一个继电器被驱动，则另一个输出继电器的逻辑电路必然被切断，即保证在任何时刻两输出继电器不能同时被驱动。将 X1、X2 的常闭触点串于对方的逻辑行中，使起动信号可以直接驱动相应的输出继电器，即实现正、反转控制的直接操作。

图 5-4a 与图 5-4b 所示梯形图程序控制结果是相同的。对于多路输出控制电路，图 5-4a 可读性强，但必须使用栈指令才可编程；图 5-4b 将公共触点 X3、X4 串联于各输出逻辑电路中，方法简单，但多次使用串联指令，程序变得冗长，且多占用存储空间。

注意：为了避免接触器 KM1、KM2 同时动作，而造成主电路相间短路，PLC 联锁控制需要采取软件和硬件同时联锁。在图 5-4 所示梯形图中已有了输出软继电器的联锁触点（Y0、Y1），但在 PLC 外部硬件连接的电路中，还必须有 KM1、KM2 的常闭触点进行联锁，如图 5-3 所示的 I/O 接线图。这是因为 PLC 内部软继电器联锁的动作只相差一个扫描周期，而外部接触器触点的断开时间往往大于扫描周期，来不及响应，虽然 Y0（Y1）已断开，可能 KM1（KM2）触点还未断开，在没有外部硬件联锁情况下，Y1（Y0）就可能驱动 KM2（KM1）线圈接通，则 KM2（KM1）触点闭合，引起主电路短路。因此，考虑到输出设备接触器动作的滞后性，PLC 控制必须采用软、硬件同时联锁。

[知识拓展]

对于多路输出控制电路的编程，除了使用栈指令和串联指令外，还可以采用主控指令来解决。

1. 主控指令 MC、MCR 的基本用法

1）MC（Master Control）：主控指令，用于公共串联触点的连接指令；

2）MCR（Master Control Reset）：主控复位指令，即 MC 指令的复位指令。

主控指令所完成的操作功能是当某一触点（或一组触点）的条件满足时，按正常顺序执行主控指令程序段，即 MC 与 MCR 指令间的程序；当这一条件不满足时，则不执行主控程序段，与这部分程序相关的继电器状态全为断开状态。如图 5-8 所示，输入条件 X0 闭合，执行 MC 和 MCR 之间的指令（虚线框中的程序），当输入条件 X0 断开时，不执行 MC 与 MCR 之间的指令。

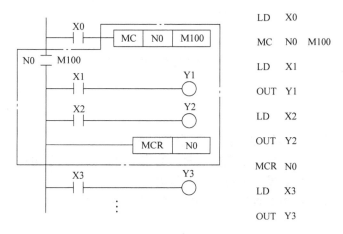

图 5-8　主控指令的基本用法

注意：

1）若 MC 与 MCR 指令间各软继电器为计数器 C、累计定时器 T，或用 SET/RST 指令驱动的线圈，将保持当前的状态，非累计定时器及用 OUT 指令驱动的软组件，将处于断开状态。

2）与主控触点相连的触点必须用 LD、LDI 取指令。执行 MC 指令的程序段之后，用 MCR 指令使母线回到主母线上，因此 MC、MCR 指令必须成对出现。

3）编程时，对于母线中串接的触点不输入指令，如图 5-8 中的 N0 M100 触点，它仅是主控指令的标记。

4）使用主控指令的梯形图中，仍然不允许双线圈输出。

2. 主控指令的嵌套使用

MC 指令可以嵌套使用，即在 MC 指令内可再使用 MC 指令，嵌套级 N 的编号 0～7 顺次增大。用 MCR 指令逐级返回时，嵌套级的编号由大到小顺次解除，如图 5-9 所示。

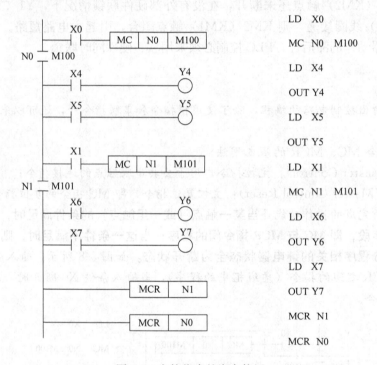

图 5-9 主控指令的嵌套使用

[技能检验]

1. 设计 PLC 控制三人抢答器系统。控制要求如下：

1）抢答控制，当任何一名选手先按下面前的按钮时，其他选手再按则无效。

2）数码显示功能，能够显示抢答选手的号码。

2. 如图 5-10 所示，继电器控制的自动往返控制电路。设计 PLC 控制自动往返系统，控制要求如下：

1）按下起动按钮 SB1 或者 SB2，电动机运转。

2）当某机械设备工作台在前进或者后退过程中，触碰到行程开关 SQ1 或者 SQ2 时，电动机改变运转方向，使工作台实现自动往返。

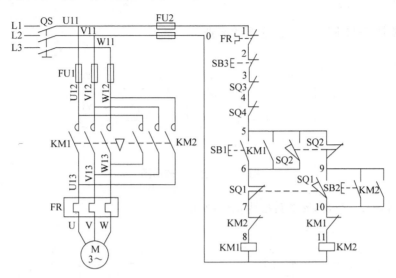

图 5-10　继电器控制自动往返电路

[考核评价]

技能检验考核要求及评分标准如表 5-2 所示。

表 5-2　考核评价表

考核项目	考核 要 求	配分	评 分 标 准	扣分	得分
设备安装	1. 会分配端口、画 I/O 接线图 2. 按图完整、正确及规范接线 3. 按照要求编号	30	1. 不能正确分配端口,扣 5 分,画错 I/O 接线图,扣 5 分 2. 错、漏线,每处扣 2 分 3. 错、漏编号,每处扣 1 分		
编程操作	1. 会正确的使用联锁控制设计程序 2. 正确输入梯形图 3. 正确保存文件 4. 会转换梯形图 5. 会传送程序	30	1. 不能设计出程序或设计错误扣 10 分 2. 输入梯形图错误一处扣 2 分 3. 保存文件错误扣 4 分 4. 转换梯形图错误扣 4 分 5. 传送程序错误扣 4 分		
运行操作	1. 运行系统,分析操作结果 2. 正确监控梯形图	30	1. 系统通电操作错误一步扣 3 分 2. 分析操作结果错误一处扣 2 分 3. 监控梯形图错误一处扣 2 分		
安全生产	遵守安全文明生产规程	10	1. 每违反一项规定,扣 3 分 2. 发生安全事故,0 分处理		
时间	90min		提前正确完成,每 5min 加 2 分 超过定额时间,每 5min 扣 2 分		
开始时间:		结束时间:		实际时间:	

[课后思考]

5.1　分析图 5-11 所示两个梯形图的区别。

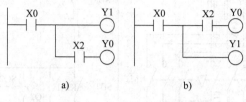

图 5-11　题 5.1 梯形图

5.2　将图 5-12 所示梯形图转换为指令语句。

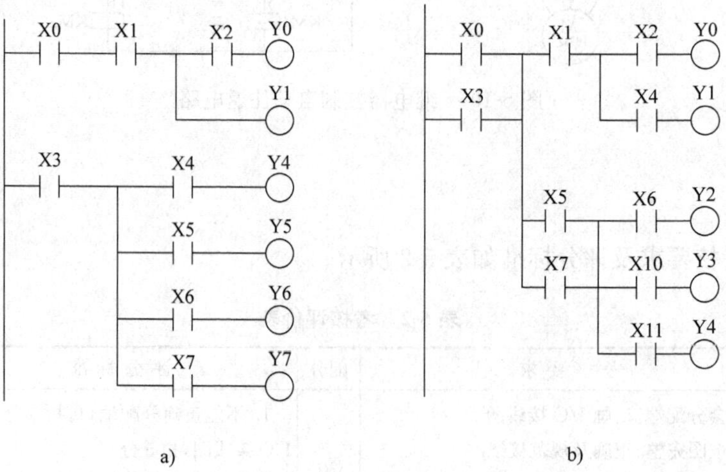

图 5-12　题 5.2 梯形图

5.3　将图 5-13 所示梯形图转换为指令语句，并思考该梯形图如何画可避免使用栈指令。

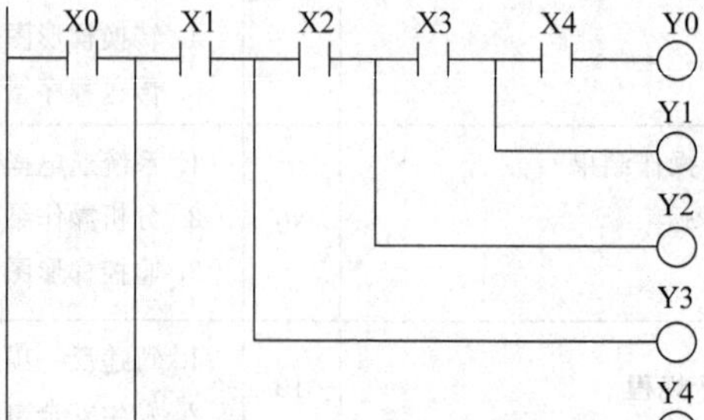

图 5-13　题 5.3 梯形图

5.4　将表 5-3、5-4 给出的指令语句转换为梯形图。

表 5-3　指令语句表

步 序	操作码	操作数	步 序	操作码	操作数
0	LD	X0	10	OUT	Y2
1	AND	X1	11	MRD	
2	MPS		12	AND	X5
3	AND	X2	13	OUT	Y3
4	OUT	Y0	14	MRD	
5	MPP		15	AND	X6
6	OUT	Y1	16	OUT	Y4
7	LD	X3	17	MPP	
8	MPS		18	AND	X7
9	AND	X4	19	OUT	Y5

表 5-4　指令语句表

步 序	操作码	操作数	步 序	操作码	操作数
0	LD	X7	10	OR	X3
1	ANI	X10	11	LDI	X4
2	ANI	M2	12	AND	X5
3	OUT	M1	13	ORB	
4	LD	M1	14	ANB	
5	MC	N0	15	OR	M3
6		M100	16	OUT	Y0
7	LD	X0	17	MCR	N0
8	OR	X1	18	LD	X6
9	LD	X2	19	OUT	Y1

5.5　如图 5-14 所示，继电器控制电动机单向起动反接制动电路。设计 PLC 控制电动

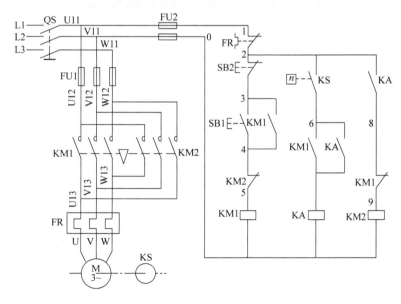

图 5-14　题 5.5 继电器控制电动机单向起动反接制动电路

机单向起动反接制动系统，控制过程如下：

1）按下起动按钮 SB1，接触器 KM1 动作，电动机单向运转。

2）与电动机同轴相连的速度继电器 KS 也一起运转，使 KS 的常开触头闭合，为制动作准备。

3）按下 SB2 停止按钮，电动机停止，并使接触器 KM2 动作，电动机产生反转力矩，速度继电器 KS 触头立刻切断 KM2，迫使电动机 M 迅速停转，制动结束。

5.6　如图 5-15 所示，继电器控制电动机 Y-△手动减压起动电路。试分析其电路原理，并设计 PLC 控制系统。（采用主控指令编程）

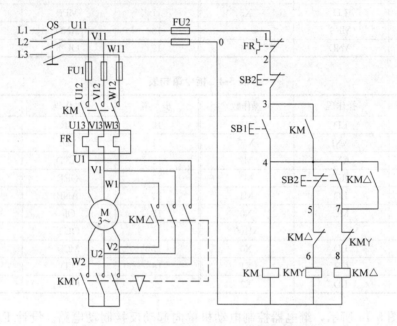

图 5-15　题 5.6 Y-△减压起动继电器控制电路

项目 6   PLC 控制三相异步电动机丫-△自动减压起动

[学习目标]

1. 进一步熟悉 PLC 联锁控制的应用。
2. 掌握定时器 T 的基本使用方法，并熟悉其类型及特点。
3. 熟悉定时器 T 常见的基本应用电路。
4. 认识寄存器 D 和数据传送指令 MOV 的用法。

[技能目标]

1. 会运用定时器 T 控制具有时间要求的电路。
2. 会使用 MOV 指令和数据寄存器 D 对定时器时间进行设定。

[实操训练]

1. 项目任务分析

电力拖动中，大容量电动机因起动时电流过大会造成一些不良影响，通常采用减压起动方式来避免。如图 6-1 所示，继电器控制三相异步电动机的丫-△减压起动。

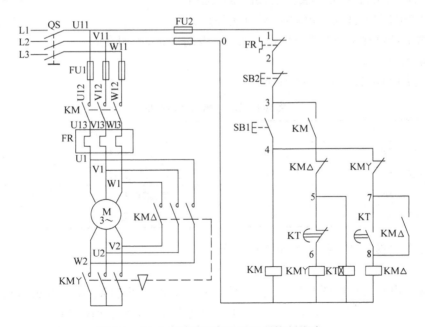

图 6-1   丫-△自动减压起动继电器控制线路

继电器控制电路工作原理如图 6-2 所示。

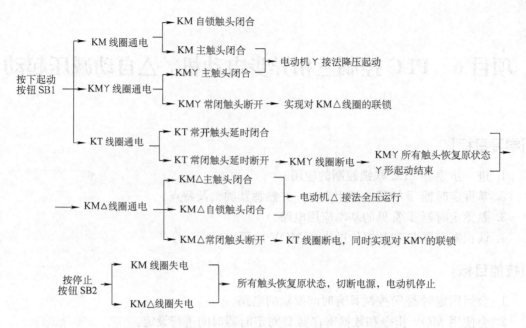

图 6-2　三相异步电动机丫-△自动减压起动工作原理

设计 PLC 控制三相异步电动机丫-△自动减压起动，控制要求如下：

1）当接通三相电源时，电动机 M 不运转。

2）当按下 SB1 连续起动按钮后，电动机 M 为丫接法低压起动。

3）5s 后，电动机 M 自动转为△接法全压运行。

4）按下 SB2 停止按钮，电动机 M 立刻停止运行。

5）热继电器过载保护，若 FR 触头动作，电动机立即停止。

2．参考操作步骤

1）分配 I/O 端口。如表 6-1 所示。

表 6-1　输入/输出端口分配

输　　入		输　　出	
输入设备名称	输入端口	输出设备名称	输出端口
起动按钮 SB1	X1	控制主电路接触器 KM	Y0
停止按钮 SB2	X2	丫接法接触器 KM丫	Y1
热继电器常开触点 FR	X3	△接法接触器 KM△	Y2

2）绘制 I/O 接线图。接线图如图 6-3 所示。

3）设计梯形图。梯形图如图 6-4 所示。

4）安装主电路。按照图 6-1 所示主电路，先后安装三相电源、组合开关 QS、主熔断器 FU1、接触器 KM、KM丫、KM△的主触头、热继电器 FR 及电动机 M。

5）连接 PLC 外围设备。根据 I/O 接线图，PLC 关机状态下，正确连接输入设备（起动按钮 SB1、停止按钮 SB2 和热继电器 FR）和输出设备（交流接触器 KM、KM丫、KM△线圈及 220V 交流电源）。

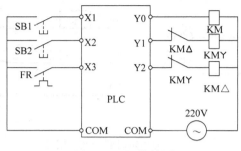

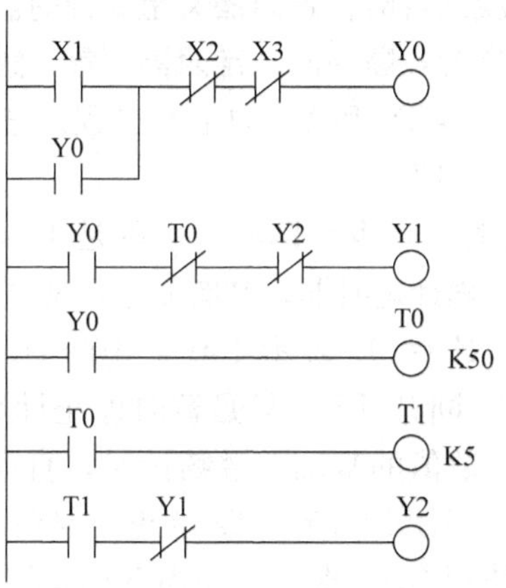

图 6-3　I/O 接线图

	LD　X1
	OR　Y0
	ANI　X2
	ANI　X3
	OUT　Y0
	LD　Y0
	ANI　T0
	ANI　Y2
	OUT　Y1

LD　Y0
OUT　T0　K50
LD　T0
OUT　T1　K5
LD　T1
ANI　Y1
OUT　Y2
END

图 6-4　丫-△自动减压起动梯形图与指令语句

6) 写入程序。打开 PLC 电源，将方式开关置于 STOP 状态下，通过编程器输入由梯形图转换后的指令语句。

7) 运行 PLC。将方式开关置于 RUN 状态下，运行程序，观察三相异步电动机由起动到运行的状态。

[知识链接]

1. 定时器 T 的种类与基本用法

FX 系列 PLC 的定时器容量都为 32K（即时间设定值 K 的范围为 1～32767），PLC 定时器的常开和常闭触点可以无限次引用。这里介绍通用定时器和累计定时器的基本用法与特点。

（1）通用定时器　FX$_{2N}$系列通用定时器分为 100ms 和 10ms 两种。其中 100ms 定时器有 200 个，编号为 T0～T199，每个定时器的定时区间为 0.1～3276.7s；10ms 定时器有 46 个，编号为 T200～T245，每个定时器的定时区间为 0.01～327.67s。

"延时闭合电路"是定时器最基本的用法，如图 6-5 所示梯形图。定时器设定值为 K50（K 表示十进制数），表示 T0 要计时 50 个 100ms，即 5s。当 X0＝1，驱动定时器 T0 工作，T0 定时器开始计时，当计时到达 5s 后，T0 的常开触点闭合，使 Y0＝1，PLC 驱动输出设备工作。

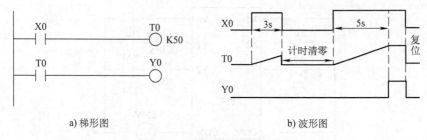

a) 梯形图　　　　　　　　　b) 波形图

图 6-5　通用定时器的基本用法

注意：定时器 T 计时开始后，其线圈必须始终保持驱动状态。若计时过程中，驱动逻辑触点断开，则计时中断，定时器清零，当触点再次闭合时，定时器又重新计时。定时器计时到达设定值时，相应的定时器触点动作，当驱动逻辑触点断开时，定时器清零，触点复位。

如图 6-5b 所示波形图，直观地说明了定时器 T0 和 Y0 的工作过程。波形图低电平表示断开，状态为"0"，高电平表示接通，状态为"1"。

（2）累计定时器　累计定时器又称积算定时器，也有两种，一种是 1ms 累计定时器，共有 4 个，地址为 T246～T249，另一种是 100ms 累计定时器，共有 6 个，地址为 T250～T255。

如图 6-6 所示，累计定时器的基本用法。K＝100 表示 100 个 100ms，即定时 10s。当 X0 闭合之后，T250 开始计时，中间断电或 X0 断开 T250 只是暂时停止计数，而不会复位。当再次通电或 X0 再次闭合后，T250 在原来计数值的基础上继续计时，直到 10s 时间到，由 T250 常开触点闭合驱动输出继电器 Y0 动作，即使 X0 断开 T250 也不复位，Y0 也始终保持工作状态。要使 T250 复位，Y0 停止，必须使用 RST 指令，即当 X1 闭合，执行 RST 指令使 T250 复位，T250 的常开触点恢复断开，Y0 停止。

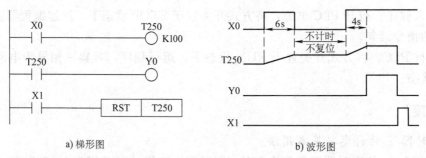

a) 梯形图　　　　　　　　　b) 波形图

图 6-6　累计定时器的基本用法

累计定时器与通用定时器的区别仅在于：当驱动定时器线圈的逻辑触点为"0"或 PLC 断电时，通用定时器立即复位，而累计定时器并不复位，再次通电或驱动逻辑触点再次为"1"时，累计定时器在上次定时时间的基础上继续累加，直到定时时间到达设定值为止。

注意：1ms 定时器主要是在子程序或中断中使用，因为考虑到一般实用程序的扫描时间都要大于 1ms，所以该定时器设计成以中断方式工作。

2．定时器 T 的基本应用电路

（1）延时断开电路　图 6-7 所示为定时器构成的延时断开电路。当输入继电器 X0 闭合，输出继电器 Y0 得电，并由本身的触点自锁，同时由于 X0 的常闭触点断开，使 T1 的线圈不能得电。当输入 X0 断开时，其常闭触点 X0 恢复闭合，T1 线圈得电并开始计时，经过 15s 后，T1 的常闭触点断开，Y0 线圈失电，工作结束。

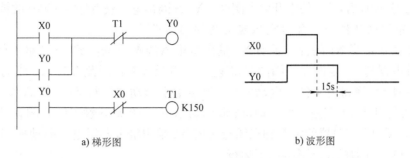

a) 梯形图　　　　　　　　　　　　　b) 波形图

图 6-7　延时断开电路

（2）延时闭合/断开电路　如图 6-8 所示为延时闭合/断开电路。图中有两个定时器 T0 和 T1，用于延时闭合和延时断开。当输入 X0 闭合时，T0 得电，延时 5s 后，T0 的常开触点闭合，Y0 得电且自锁。当输入 X0 断开时，其常闭触点复位闭合，T1 得电，延时 5s 后，T1 的常闭触点断开，Y0 线圈解除自锁断电停止。

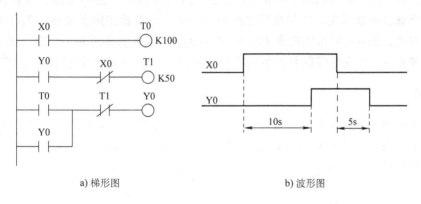

a) 梯形图　　　　　　　　　　　　　b) 波形图

图 6-8　延时闭合/断开电路

（3）定时器的扩展　PLC 的定时器有一定的时间设定范围。如果需要超出定时设定范围，可通过几个定时器串联，达到扩充设定值的目的。图 6-9 所示为定时器的扩展电路。图中通过

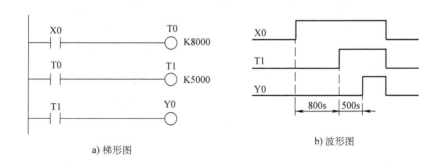

a) 梯形图　　　　　　　　　　　　　b) 波形图

图 6-9　定时器的扩展

两个定时器的串联使用，可以实现延时 1300s。在图中 T0 的设定值为 800s，T1 的设定值为 500s。当 X0 闭合，T0 就开始计时，当到达 800s 时，T0 所带的常开触点闭合，使 T1 得电开始计时，再延时 500s 后，T1 的常开触点闭合，Y0 线圈得电，获得延时 1300s 的输出信号。

3. 三相异步电动机Y-△自动减压起动的梯形图设计

如图 6-4 所示，当 X1 闭合，驱动 Y0 输出继电器线圈得电，Y0 常开触点闭合并自锁，使 Y1 输出继电器与 T0 定时器线圈同时得电，T0 开始计时，因此 Y0、Y1 驱动外部设备接触器 KM、KMY 线圈得电工作，电动机在Y形接法下起动并运行 5s。当 T0 定时器计时到 5s，其常闭触点切断 Y1 支路，使电动机Y形起动结束，T0 常开触点闭合驱动 T1 定时器计时 0.5s，0.5s 后 T1 定时器的常开触点闭合再使 Y2 输出继电器得电，驱动外部设备接触器 KM△线圈工作，电动机在△形接法下运行。

从电路的安全可靠性考虑，仍需要注意以下两点：

1）软件与硬件同时联锁，以防止电动机Y形与△形变换时发生相间短路。图 6-4 中，输出继电器 **Y1**（Y接法）和 **Y2**（△接法）的常闭触点相互串于对方电路中，实现软件联锁。考虑到输出设备接触器动作的滞后性，在 **PLC** 输出的外部利用接触器常闭触点 **KMY**、**KM△**形成硬件联锁，如图 **6-3** 所示。

2）在控制电动机时，考虑到电动机的容量大或可能操作不当等原因，会使接触器主触头产生较为严重的电弧现象，如果电弧未能完全熄灭，而其他接触器闭合，则会造成电源相间的短路。因此，图 **6-4** 所示梯形图中增加 **T1** 定时器，目的是电动机从Y到△接法转换过程中，能使接触器 **KMY** 在分断时所产生的电弧充分熄灭，**0.5s** 后再接通 **KM△**接触器。

[知识拓展]

定时器的时间值可以是常数（K 十进制或 H 十六进制）直接设定，也可以通过数据寄存器 D 和数据传送指令 MOV 间接设定，以满足实际应用的需要。如图 6-10 所示，实现两种时间设定的延时闭合电路。

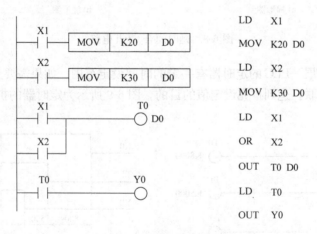

图 6-10　梯形图与指令语句

1. 数据寄存器 D

数据寄存器主要用于存储中间数据、需要变更的数据等。在进行输入输出处理、模拟量控制、位置控制、计时或计数设定时，需要许多数据寄存器和参数。每个数据长度为16位二进制，最高位为符号位。两个数据寄存器合并为一个32位的数据寄存器，并且两个寄存器的地址必须相邻。

（1）通用数据寄存器 D0～D199   共有 200 个通用数据寄存器。当 PLC 由运行到停止时，该类数据寄存器均为"0"，若特殊辅助继电器 M8033 被置位时，即使 PLC 停止，数据寄存器也会保存原来的内容。

需要注意的是，一个数据寄存器写入数据时，无论原来该寄存器中存储的什么内容，都将被后写入的数据所覆盖。

（2）断电保持数据寄存器 D200～D511   共有 312 个断电保持数据寄存器。除非改写，即使断电该寄存器中原有数据也不会丢失。

（3）特殊数据寄存器 D8000～D8255   共有 256 个特殊数据寄存器。这些数据寄存器用来监视 PLC 中各个元件的工作状态，其内容是在 PLC 通电之后由系统的监控程序写入的。注意未定义的特殊数据寄存器，用户不能选用。

（4）文件数据寄存器 D1000～D2999   共有 2000 个文件数据寄存器。该功能是存储用户程序中用到的数据文件，只能用编程器写入，不能在程序中用指令写入。但在程序中可用指令将文件寄存器中的内容读到普通的数据寄存器中。

（5）变址寄存器 V/Z   变址寄存器通常用于修改元件的地址编号，其操作方式与普通数据寄存器一样。V 和 Z 都是 16 位寄存器，可进行数据的读与写。当进行 32 位操作时，将V、Z 合并使用，指定 Z 为低位。

2. 数据传送指令 MOV 的用法

传送指令 MOV 是将源操作数内的数据送到指定的目标操作数中，即 [S] 到 [D]。MOV 指令的使用概要，如表 6-2 所示。

表 6-2   MOV 数据传送指令概要

指令名称	助记符	指令代码	操作数		程序步
			S(·)	D(·)	
数据传送指令	(D)MOV(P)	FNC12	K、H、KnX、KnY、KnM、KnS、T、C、D、V、Z	KnX、KnY、KnM、KnS、T、C、D、V、Z	9步/17步

表中使用符号说明如下：

1）（D）表示指令的数据长度，指定为 32 位。处理 32 位数据时，用元件号相邻的两元件组成元件对，元件对的首地址用奇数、偶数均可，但为了避免错误，一般来说元件对的首地址统一用偶数编号。若无（D），则默认为 16 位。

2）（·）表示源操作数或目的操作数能使用变址方式，无（·），则默认不能使用变址方式。元件地址的改变是通过 V、Z 变址寄存器实现。

如图 6-10 所示，当 X1 闭合，源操作数中的数据 K20 传送到目标操作元件 D0 中。此时，定时器 T0 时间设定值为 2s，2s 后 T0 的常开触点闭合，驱动 Y0 工作。同理，当 X2 闭合，源操作数中的数据 K30 传送到目标操作元件 D0 中，则将原来 D0 中的数据覆盖，此时，定时器 T0 时间设定值变为 3s，Y0 在 T0 延时 3s 后工作。

[技能检验]

1. 设计一个小型的 PLC 控制系统, 实现对某锅炉的鼓风机和引风机进行控制。要求鼓风机比引风机延时 6s 启动, 引风机比鼓风机延时 12s 停机, 如图 6-11 时序波形图。画出 I/O 接线图和梯形图, 并写出指令语句。

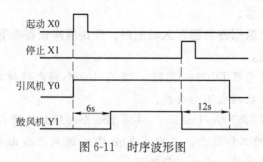

图 6-11　时序波形图

2. 设计一个彩灯控制的 PLC 系统。具体控制要求如下:

1) 开关 SA, 作为彩灯起动控制。当 SA 闭合, 依次输出 Y0～Y7, 彩灯 HL0～HL7 就间隔 2s 依次点亮。

2) 当彩灯 HL0～HL7 全部点亮时, 继续维持 5s, 此后它们全部熄灭。

3) 彩灯 HL0～HL7 全部熄灭后, 停止 3s, 再自动重复下一轮循环。

[考核评价]

技能检验考核要求及评分标准, 如表 6-3 所示。

表 6-3　考核评价表

考核项目	考核要求	配分	评分标准	扣分	得分
设备安装	1. 会分配端口、画 I/O 接线图 2. 按图完整、正确及规范接线 3. 按照要求编号	30	1. 不能正确分配端口, 扣 5 分, 画错 I/O 接线图, 扣 5 分 2. 错、漏线, 每处扣 2 分 3. 错、漏编号, 每处扣 1 分		
编程操作	1. 会采用定时器 T 设计程序 2. 正确输入梯形图 3. 正确保存文件 4. 会转换梯形图 5. 会传送程序	30	1. 不能设计出程序或设计错误扣 10 分 2. 输入梯形图错误一处扣 2 分 3. 保存文件错误扣 4 分 4. 转换梯形图错误扣 4 分 5. 传送程序错误扣 4 分		
运行操作	1. 运行系统, 分析操作结果 2. 正确监控梯形图	30	1. 系统通电操作错误一步扣 3 分 2. 分析操作结果错误一处扣 2 分 3. 监控梯形图错误一处扣 2 分		
安全生产	遵守安全文明生产规程	10	1. 每违反一项规定, 扣 3 分 2. 发生安全事故, 0 分处理		
时间	90min		提前正确完成, 每 5min 加 2 分 超过定额时间, 每 5min 扣 2 分		
开始时间:		结束时间:		实际时间:	

[课后思考]

6.1　PLC 定时器的时间设定范围最长是多少？若超出定时设定范围，梯形图该如何设计？

6.2　如图 6-12 波形所示，设计相应的 PLC 控制梯形图。

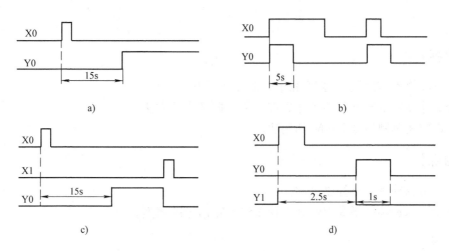

图 6-12　题 6.2 时序波形图

6.3　设计彩灯控制的 PLC 系统，控制要求如下：

(1) 使用一个按钮 SB，作为彩灯起动按钮。

(2) 当按下起动按钮 SB，依次输出 Y0～Y3，彩灯 HL0～HL3 就间隔 1s 依次点亮。

(3) 至彩灯 HL0～HL3 全部点亮时，继续维持 3s，此后它们全部熄灭。

(4) 彩灯熄灭后，HL0～HL3 同时开始闪烁，灭 0.5s，亮 0.5s，闪烁状态维持 5s，然后再自动重复下一轮循环。

6.4　指出图 6-13 所示功能指令中源、目标操作数，并说明 32 位操作数的存放原则。

图 6-13　题 6.4MOV 指令的 32 位操作数方式

6.5　指出图 6-14 所示功能指令中的 K3M0 的含义。指令执行后的 D20 的高 4 位为多少？

图 6-14　题 6.5 MOV 指令应用

6.6　用 MOV 传送指令实现八台电动机的隔号运行。控制要求：某机械设备用 8 台电动机（1#～8#）驱动，要求当开关合上时，0#、2#、4#、6# 同时运行，10s 后停止，接着 1#、3#、5#、7# 同时运行，10s 后停止…反复循环。用一个按钮 SB 控制起、停。

项目 7   PLC 控制通风机监控系统

[学习目标]

1. 进一步熟悉辅助继电器 M 和定时器 T 的应用。
2. 分析脉冲发生器梯形图工作原理，并掌握其应用方法。
3. 认识脉宽调制指令 PWM 的用法。

[技能目标]

1. 会运用脉冲发生器控制电路。
2. 会使用脉宽调制指令 PWM 实现多种脉宽信号的调整。

[实操训练]

1. 项目任务分析

PLC 控制通风机监控系统。在生产设备控制领域中，常利用信号灯作为设备运行状况的监控。某设备有三台通风机，有各自的起停按钮控制其运行，并采用一个指示灯显示三台风机的运行状态，功能要求如下：

1）三台通风机都不转，指示灯一直亮。
2）仅一台风机运转，指示灯慢闪（设定 T＝1s）。
3）任意两台以上风机运转，指示灯快闪（设定 T＝0.6s）。

2. 参考操作步骤

1）分配 I/O 端口。分配表见表 7-1。

表 7-1   输入/输出端口分配

输 入		输 出	
输入设备名称	输入端口	输出设备名称	输出端口
1#风机起动按钮 SB1	X1	电动机运转指示灯 HL	Y0
1#风机停止按钮 SB2	X2	1#输出接触器线圈 KM1	Y1
2#风机起动按钮 SB3	X3	2#输出接触器线圈 KM2	Y2
2#风机停止按钮 SB4	X4	3#输出接触器线圈 KM3	Y3
3#风机起动按钮 SB5	X5		
3#风机停止按钮 SB6	X6		

2）绘制 I/O 接线图。接线图如图 7-1 所示。
3）设计梯形图。梯形图如图 7-2 所示。

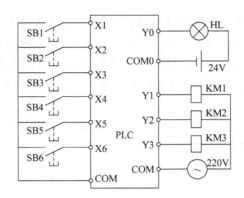

图 7-1　I/O 接线图

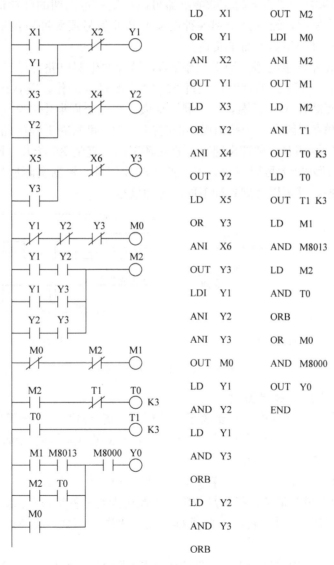

LD　X1	OUT　M2
OR　Y1	LDI　M0
ANI　X2	ANI　M2
OUT　Y1	OUT　M1
LD　X3	LD　M2
OR　Y2	ANI　T1
ANI　X4	OUT　T0 K3
OUT　Y2	LD　T0
LD　X5	OUT　T1 K3
OR　Y3	LD　M1
ANI　X6	AND　M8013
OUT　Y3	LD　M2
LDI　Y1	AND　T0
ANI　Y2	ORB
ANI　Y3	OR　M0
OUT　M0	AND　M8000
LD　Y1	OUT　Y0
AND　Y2	END
LD　Y1	
AND　Y3	
ORB	
LD　Y2	
AND　Y3	
ORB	

图 7-2　通风机监控系统梯形图与指令语句

69

4）连接 PLC 外围设备。根据 I/O 接线图，PLC 关机状态下，正确连接输入设备（起动按钮 SB1、SB3、SB5 和停止按钮 SB2、SB4、SB6 等）和输出设备（交流接触器 KM1、KM2、KM3 线圈、监控指示灯 HL 以及 220V 交流电源、24V 直流电源）。

5）写入程序。打开 PLC 电源，将方式开关置于 STOP 状态下，通过编程器输入由梯形图转换后的指令语句。

6）运行 PLC。将方式开关置于 RUN 状态下，运行程序，观察输出设备在三种不同运行状况下，监控指示灯的工作状态。

[知识链接]

1. 脉冲发生器电路

在 PLC 的内部虽有一些特殊的辅助继电器可以产生一定周期的脉冲信号，如 M8011～M8014。但在实际应用中，经常会用到各种周期的脉冲信号或脉冲宽度需要不同变化的信号，这些可以通过脉冲发生器电路来实现。

如图 7-3 所示脉冲发生电路。当 X0 闭合后，脉冲发生器电路开始工作，T50 计时 30s 后，其常开触点闭合，T51 开始计时，经过 20s 后 T51 触点动作，其常闭触点使 T50 线圈断开，T50 常开触点断开 T51 线圈，一个周期结束。在一个周期中 T50 常开触点闭合 20s，断开 30s，而 T51 触点只闭合一个扫描周期的时间（该时间取决于程序的长短），其波形如图 7-3b 所示。只要 X0 闭合，脉冲电路就一直循环工作，直到 X0 断开，脉冲发生器电路停止工作。由图 7-3b 所示波形可以看出，T50 产生脉冲信号。根据实际应用的不同，仅改变定时器的时间设定值，就可以得到各种不同的脉冲信号。

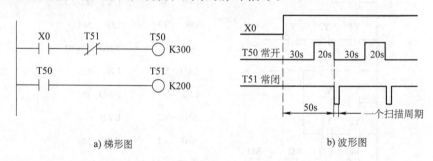

a) 梯形图　　　　　　　　　　　　　　　b) 波形图

图 7-3　脉冲信号发生电路

2. 通风机监控系统的梯形图设计

（1）分析三台风机运转状态的逻辑关系　　分析信号指示灯显示三台风机运行状态的逻辑关系，并列出逻辑表达式，其中 M0、M2、M1 分别代表风机运转的三种状态。再将逻辑表达式转换为梯形图，如图 7-4 所示。

1）三台风机都不运转，指示灯一直亮，即 $M0 = \overline{Y1} \cdot \overline{Y2} \cdot \overline{Y3}$。

2）任意两台以上风机运转，指示灯快闪，因此至少有三种组合形式，或者 1# 和 2# 同时运转，或者 1# 和 3# 同时运转，以此类推，列出逻辑关系式，即 $M2 = Y1 \cdot Y2 + Y1 \cdot Y3 + Y2 \cdot Y3$。

3）一台风机运转，指示灯慢闪，说明以上两种情况都不会出现，即 $M1 = \overline{M0} \cdot \overline{M2}$。

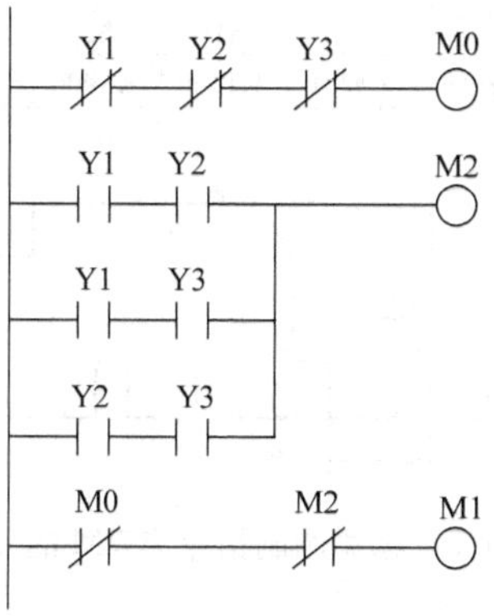

图 7-4　风机运转的三种状态下的梯形图

（2）设计信号指示灯循环闪烁梯形图　其中指示灯慢闪（T＝1s），可以由特殊辅助继电器周期为 1s 的 M8013 直接控制实现。而指示灯快闪（T＝0.6s），可以通过前面介绍的脉冲发生器电路得以实现，如图 7-5 所示。当两台以上风机同时工作，即 M2＝1 时，脉冲发生器开始工作，由 T0 产生周期为 0.6s 的脉冲信号。

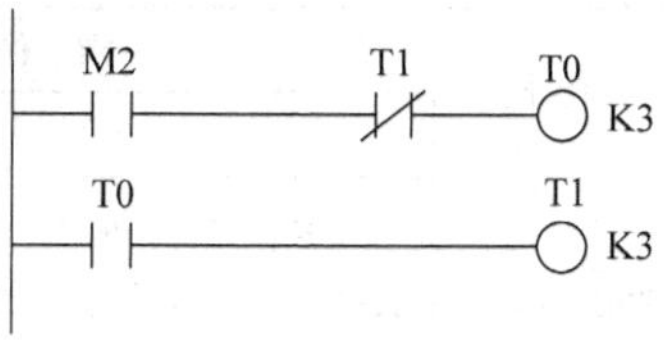

图 7-5　闪烁控制梯形图

（3）分析信号指示灯工作状态　三种工作状态下的指示灯显示状态，如图 7-6 所示。其中 M8000 为 PLC 运行监控辅助继电器，只要一运行 PLC，M8000＝1，则立即起动风机监控指示灯。

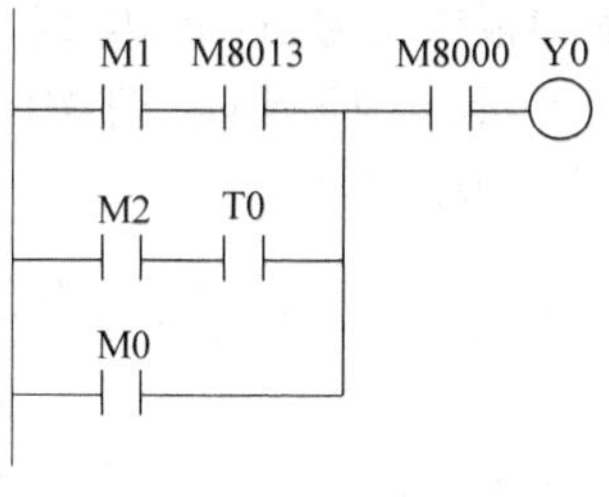

图 7-6　信号指示灯控制梯形图

最后，将分别控制三台风机的起动、保持、停止的梯形图和以上三部分梯形图合成完整的程序，如图 7-2 所示。

[知识拓展]

脉宽调制指令 PWM 的用法

功能指令中，脉宽调制指令 PWM 可以在一定的周期内，调整脉冲的宽度，从而得到不同的脉冲信号，如图 7-7 所示。

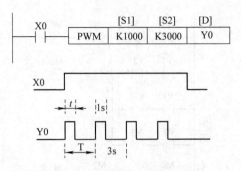

图 7-7　脉宽调制指令 PWM 的用法

脉宽调制指令 PWM 中 [S2] 设定脉冲周期（0～32767ms），[S1] 设定脉冲宽度（0～32767ms），但其中时间设定值 [S1] ≤ [S2]，因此，脉冲宽度可以任意调节。脉冲信号由目标元件 [D] 输出。图 7-7 中，当 X0 闭合，Y0 输出的脉冲信号周期为 3s，脉冲宽度为 1s，当 X0 断开，Y0 也终止输出脉冲信号。

脉宽调制指令 PWM 使用概要如表 7-2 所示。

表 7-2　PWM 脉宽调制指令概要

指令名称	助记符	指令代码	操作数		程序步
			S（·）	D（·）	
脉宽调制指令	PWM	FNC58	K、H、KnX、KnY、KnM、KnS、T、C、D、V、Z	Y0 或 Y1	7 步

注意：本指令只能使用 1 次。[S1]、[S2] 中设定值即为具体的时间，单位 ms。

[技能检验]

1. 如图 7-8 所示，继电器控制的报警信号灯闪烁电路。当某设备发生故障时，事故继电器 KA 通电动作，时间继电器 KT1 和 KT2 控制 HL 灯按照设定的时间先亮 2s、后灭 1s，不停地闪烁。设计 PLC 控制报警信号灯闪烁系统。

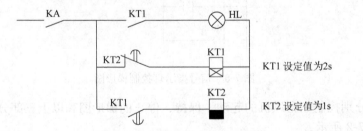

图 7-8　继电器控制信号灯闪烁电路

2. 某设备有两台电动机交替工作，当按下起动按钮 SB 后，甲电动机先工作 5s，乙电动机再工作 3s，循环 4 次结束。设计 PLC 控制系统（提示：4 次可用时间控制为 32s）。

[考核评价]

技能检验考核要求及评分标准，如表 7-3 所示。

表 7-3　考核评价表

考核项目	考核要求	配分	评分标准	扣分	得分
设备安装	1. 会分配端口、画 I/O 接线图 2. 按图完整、正确及规范接线 3. 按照要求编号	30	1. 不能正确分配端口，扣 5 分，画错 I/O 接线图，扣 5 分 2. 错、漏线，每处扣 2 分 3. 错、漏编号，每处扣 1 分		
编程操作	1. 会脉冲发生器电路设计程序 2. 正确输入梯形图 3. 正确保存文件 4. 会转换梯形图 5. 会传送程序	30	1. 不能设计出程序或设计错误扣 10 分 2. 输入梯形图错误一处扣 2 分 3. 保存文件错误扣 4 分 4. 转换梯形图错误扣 4 分 5. 传送程序错误扣 4 分		
运行操作	1. 运行系统，分析操作结果 2. 正确监控梯形图	30	1. 系统通电操作错误一步扣 3 分 2. 分析操作结果错误一处扣 2 分 3. 监控梯形图错误一处扣 2 分		
安全生产	遵守安全文明生产规程	10	1. 每违反一项规定，扣 3 分 2. 发生安全事故，0 分处理		
时间	90min		提前正确完成，每 5min 加 2 分 超过定额时间，每 5min 扣 2 分		
开始时间：		结束时间：		实际时间：	

[课后思考]

7.1　PLC 控制三人抢答器系统中，如果增加蜂鸣器抢答提醒功能，用 PLC 系统如何控制？若规定 5s 无人抢答，要求蜂鸣器发出警告声，且抢答者再抢答无效，又如何设计程序？（注：蜂鸣器在两种情况下所发出的声音应有区别。）

7.2　如图 7-9 波形所示，设计相应的 PLC 控制梯形图。

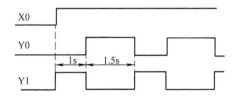

图 7-9　题 7.2 时序波形图

7.3　分析图 7-10 梯形图，并上机观察控制结果。

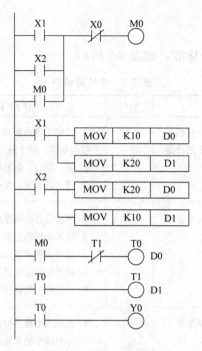

图 7-10 题 7.3 梯形图

7.4 指出图 7-11 所示功能指令中源、目标操作数，并说明其控制功能。

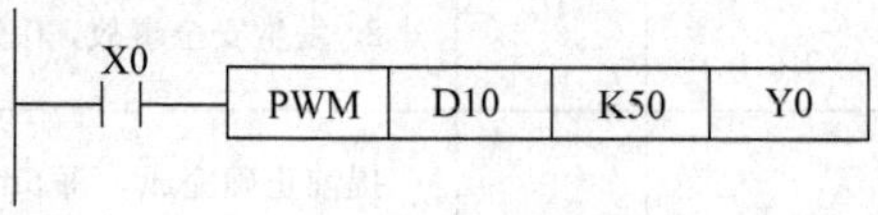

| X0 | PWM | D10 | K50 | Y0 |

图 7-11 题 7.4PWM 指令应用

项目 8　PLC 控制交通信号灯

[学习目标]

1. 了解顺序控制与顺序步进控制的特点及梯形图的设计。
2. 掌握自动循环顺序控制的编程方法。
3. 熟悉时序波形图设计法的设计步骤。
4. 掌握位移位指令（SFTL、SFTR）的基本用法。

[技能目标]

1. 会利用波形图设计法设计顺序控制梯形图。
2. 会运用位移位指令编写顺序控制梯形图。

[实操训练]

1．项目任务分析

如图 8-1 所示，十字路口交通信号灯示意图。东、西、南、北方向各三盏红、绿、黄信号灯，其中东西、南北方向的信号灯工作方式相同。

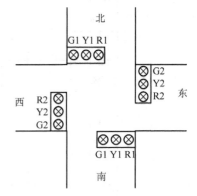

图 8-1　十字路口交通信号灯示意图

设计 PLC 控制交通信号灯系统。控制要求如下：

1）东西方向信号灯工作过程是：绿灯 G1 亮 20s，闪烁 2s，黄灯 Y1 再闪烁 3s，之后红灯 R1 亮 25s。

2）同时，南北方向信号灯工作过程是：红灯 R2 亮 25s，之后绿灯 G2 亮 20s，闪烁 2s，黄灯 Y2 再闪烁 3s。

3）按下起动按钮 SB，交通信号灯系统开始工作，并周而复始地循环工作。

2．参考操作步骤

1）分配 I/O 端口。分配端口见表 8-1。

表 8-1　输入/输出端口分配

输　　入		输　　出	
输入设备名称	输入端口	输出设备名称	输出端口
起动按钮 SB	X0	南北绿灯 G1	Y0
		南北黄灯 Y1	Y1
		南北红灯 R1	Y2
		东西绿灯 G2	Y3
		东西黄灯 Y2	Y4
		东西红灯 R2	Y5

2）绘制 I/O 接线图。接线图如图 8-2 所示。

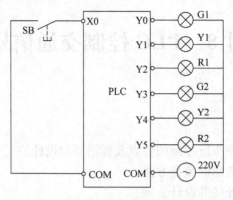

图 8-2　I/O 接线图

3）设计梯形图。梯形图如图 8-3 所示。

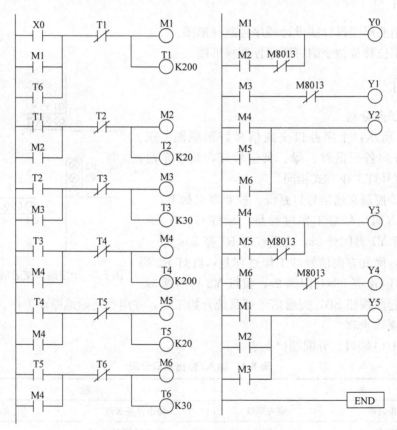

图 8-3　PLC 控制交通信号灯梯形图

4）连接 PLC 外围设备。根据 I/O 接线图，PLC 关机状态下，正确连接输入设备（起动按钮 SB）和输出设备（信号灯及电源）。

5）写入程序。打开 PLC 电源，将方式开关置于 STOP 状态下，通过编程器输入由梯形图转换后的指令语句。

6）运行 PLC。将方式开关置于 RUN 状态下，运行程序，按下起动按钮 SB，观察交通信号灯的工作过程。

[知识链接]

1. 顺序控制

顺序控制，即前一运动的发生作为后一运动的发生条件，制约后一运动的单独起动，以满足顺序控制要求。**PLC 在顺序控制中，常选择代表前一个运动的常开触点串于后一运动的控制电路中，**如图 8-4 所示。

图中，Y1 的常开触点串于 Y2 控制电路中，即输出继电器 Y2 的得电运行是以 Y1 的运行为条件，只有 Y1 得电其常开触点闭合才允许 Y2 得电。若 X0 断开，则 Y1、Y2 同时失电停止。这种控制方式常用于多台电动机的顺序起动，如机床主轴与冷却电动机的控制、货物传送带的控制等。

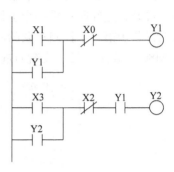

图 8-4　顺序控制梯形图

2. 顺序步进控制

在依次发生的运动之间，强调动作的单步运行，采用顺序步进的控制方式。**即只有前一个运动发生了，才允许后一个运动发生，而一旦后一个运动发生了，则立即使前一个运动停止。**实践中，顺序步进控制实例很多，如按照工艺要求一步一步地加工或装配，这在单机生产设备或生产流水线上是经常看到的。

因此，**选择代表前一个运动的常开触点并在后一个运动的起动电路中，作为后一个运动发生的条件，同时选择代表后一个运动的常闭触点串入前一个运动的停止电路中，作为前一个运动的终止条件。**如图 8-5 所示为顺序步进控制梯形图。

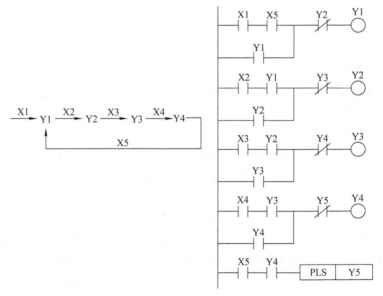

a) 工作循环　　　　　　　　b) 步进控制梯形图

图 8-5　顺序步进控制梯形图

3. 循环顺序输出控制

按照时间的先后顺序使被控制对象依次工作，如霓虹灯、艺术灯等，其共同特点是多个被控制对象按时间顺序依次工作一定的时间，时间到了，前一个工作结束，后一个工作开始，最后一个工作完成后又从第一个控制对象开始，依次循环。

图 8-6 所示为循环顺序输出控制。其中各定时器 T 的常闭触点串入线路中作为终止条件，常开触点并联在后一个工作中作为起动条件，实现顺序步进控制；将 T4 定时器的常开触点并联于第一个控制对象的起动电路中，实现自动循环控制。图中 X0 可由特殊辅助继电器 M8002 替代，PLC 实现自起动控制。

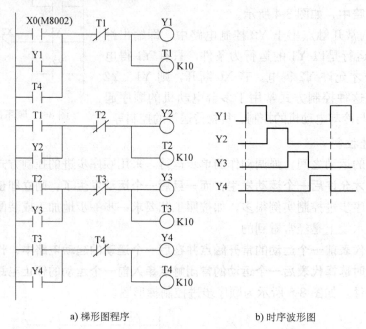

a) 梯形图程序   b) 时序波形图

图 8-6 循环顺序输出控制

4. 时序波形图设计法

已知被控制对象按时间先后顺序工作的规律，能够画出控制对象的时序波形图，找出时序波形图的工作周期和每个周期的若干间隔节拍，各个被控制对象就与相应的节拍建立了逻辑组合关系。这种方法简明、实用。

以"四盏彩灯的控制"为例，说明时序波形图设计法的应用和步骤。控制过程是四个彩灯轮流点亮 1s 后，全部亮 1s，然后全部灭 1s，按这种方式周而复始地循环工作。

（1）画时序波形图 已知被控对象在时间上具有确定的工作规律和周期，多个控制对象的工作状态按照一定的时间顺序来确定，即可以画出这些被控制对象一个工作周期内的时序波形图。如图 8-7 所示，为红（R）、黄（Y）、蓝（B）、绿（G）四个彩灯的时序波形图。

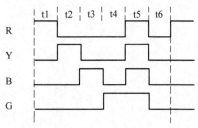

图 8-7 彩灯工作时序波形图

（2）确定产生节拍的序列脉冲及程序　被控制对象一个工作周期内分成若干节拍，每个控制对象工作在相应的节拍上，并按照周期循环。如图 8-7 所示，四盏彩灯工作一个周期分有 6 个节拍，即有 6 个状态。

辅助继电器 M 产生节拍的序列脉冲，有几个节拍就有几个序列脉冲，如图 8-8a 所示有六个节拍脉冲 M1～M6。利用循环顺序输出控制，设计实现循环顺序输出序列脉冲的程序，如图 8-8b 所示。

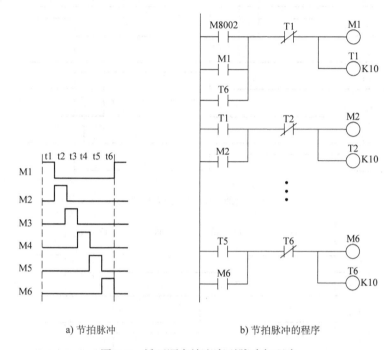

a) 节拍脉冲　　　　　　　b) 节拍脉冲的程序

图 8-8　循环顺序输出序列脉冲与程序

（3）列出被控对象与脉冲序列的关系式　由于每个控制对象（R、Y、B、G 灯）工作在相应的节拍上，则可以写出被控对象与序列脉冲的关系式，四个彩灯与序列脉冲的逻辑关系式为：$R = M1 + M5$；$Y = M2 + M5$；$B = M3 + M5$；$G = M4 + M5$。

（4）写出整个控制梯形图　整个梯形图程序分两段：循环顺序输出脉冲的程序和逻辑组合程序，即在图 8-8b 梯形图的后面再加一段上述逻辑关系式转换后的梯形图程序，如图 8-9 所示。

时序波形图法适合于事先能画出被控对象波形图的情况，设计的程序规律性强，容易理解，可直接套用此方法编程。

5. 交通信号灯的梯形图设计

交通信号灯的控制采用时序波形图设计法，其关键是要正确画出一个工作周期的时序波形图，步骤如下：

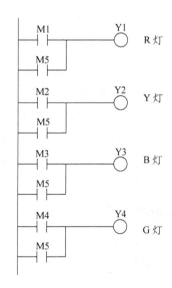

图 8-9　由逻辑关系式转换的梯形图

1）画出交通信号灯工作时序波形图。如图 8-10 所示。

2）确定节拍及相对应的脉冲序列和程序。交通信号灯一个工作周期内分为 6 个工作状态，即 6 个节拍。6 个节拍对应 6 个脉冲序列，如图 8-11 所示。其中顺序输出脉冲的时间仅修改定时器设定值 K 即可，如图 8-3 梯形图所示。

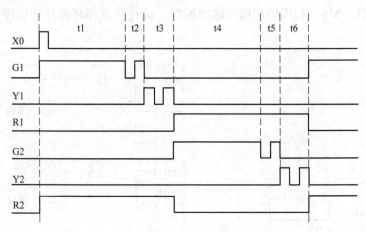

图 8-10　交通信号灯工作时序波形图

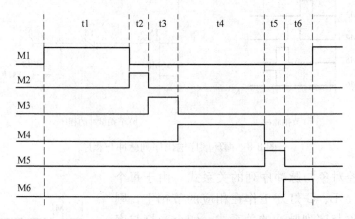

图 8-11　循环顺序输出脉冲

3）列出被控制对象与脉冲序列的关系式，如下所示。其中信号灯闪烁由特殊辅助继电器 M8013 直接控制实现。

$$G1 = M1 + M2 \cdot M8013 \quad Y1 = M3 \cdot M8013 \quad R1 = M4 + M5 + M6$$
$$G2 = M4 + M5 \cdot M8013 \quad Y2 = M6 \cdot M8013 \quad R2 = M1 + M2 + M3$$

4）写出整个控制程序。将循环顺序输出梯形图程序与逻辑组合关系式转换的梯形图合并即可，如图 8-3 所示。

[知识拓展]

移位功能指令在顺序控制中的应用，可使程序更加简洁。同样以"四个彩灯的控制"为例，说明移位指令中位左移 SFTL（位右移 SFTR）的使用方法，如图 8-12 所示。

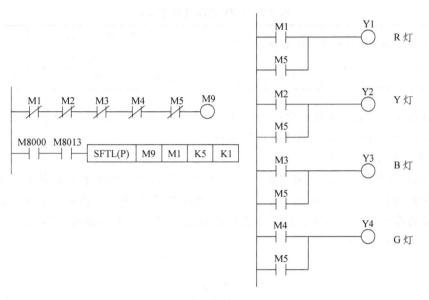

图 8-12　位左移指令控制四盏彩灯的运行

1. 位左移指令 SFTL 的用法

图 8-13 所示为位左移指令的示例梯形图。执行 SFTL 指令时，位元件中状态成组地向左移动。其中〔S•〕为移位的源位组件首地址，〔D•〕为移位的目的位组件首地址，n1 为目的位组件个数，n2 为源位组件移位个数。

图 8-13　位左移指令 SFTL 举例

位左移是将源组件的高位从目的组件的低位移入，目的位组件向左移 n2 位，源位组件中的数据保持不变。位左移指令执行后，n2 个源位组件中的数据被传送到了目的低 n2 位中，目的位组件中的高 n2 位数从其高端溢出。

图 8-13 中，如果 X10 断开，则不执行这条指令，源、目的操作数中的数据均保持不变；当 X10 接通，则将执行位组件左移操作，即源操作数 X3～X0 中 4 位数据被传送到 M3～M0，目的操作数 M15～M12 中原来的内容将会丢失，但 X3～X0 将保持不变。图 8-14 所示为位组件左移过程示意。

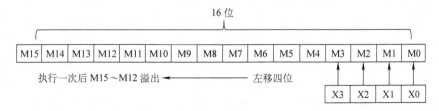

图 8-14　位组件左移过程示意图

位左移指令的助记符、功能号、操作数和程序步等概要见表 8-2。

表 8-2   SFTL 左移位指令概要

指令名称	助 记 符	指令代码	操 作 数		程 序 步
			S（·）	D（·）	
左移位	SFTL（P）	FNC35	X、Y、M、S	Y、M、S	9 步

位右移指令 SFTR，在使用方法上与 SFTL 相同，区别仅在于源操作数的数据从目的操作数的高位向低位传送，目的操作数低位溢出。

2. 位移位指令的应用举例

如图 8-12 梯形图所示，使用移位指令和辅助继电器完成四盏彩灯的控制。辅助继电器 M1～M5 分别控制彩灯的五种工作状态，其状态的转移是通过位移位指令来完成的。通常要求在连续的存储单元中移动数据，这五个辅助继电器必须是连续的。各辅助继电器 M 对应的状态如图 8-15 所示。

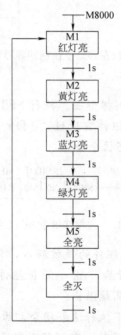

图 8-15　状态流程图

图 8-12 梯形图中，移位的目的位组件首地址为 M1，目的位组件个数为 K5，源位组件移位个数为 K1，移位的源位组件首地址为 M9，SFTL（P）指令为脉冲执行方式。

当运行 PLC 时，M9 置 1，同时，特殊辅助继电器 M8000 闭合，并且是在 M8013 的脉冲上升沿，产生移位信号，M9 的"1"态移至 M1，Y1 被驱动，红灯亮，M9 断开置"0"；当 1s 后，在 M8013 的脉冲上升沿，产生移位信号，M1 的"1"态移至 M2，M9 的 0 态移至 M1，红灯灭，黄灯亮，M9 仍置"0"。以此类推，每当 M8013 的脉冲上升沿，"1"态依次移至下一个 M 中。当 M5 为"1"时，四盏灯全亮，1s 后，在 M8013 的脉冲上升沿，M5 的"1"态溢出，M4 的"0"态移至 M5，彩灯全熄灭，移位目的寄存器全部复位，完成一个工作周期。

[技能检验]

1. 如图 8-16 所示，继电器控制两台电动机的顺序起动、逆序停止电路。

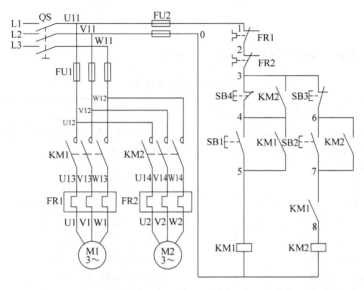

图 8-16　继电器控制两台电动机顺序起动、逆序停止电路

设计 PLC 控制系统，控制要求如下：

1）起动时，先按下 SB1 起动按钮，接触器 KM1 得电动作，电动机 M1 运转。电动机 M1 运转后，按下 SB2 起动按钮，接触器 KM2 才能得电动作，电动机 M2 运转，实现对两台电动机的顺序起动控制。

2）停止时，先按下 SB3 停止按钮，接触器 KM2 失电复位，M2 电动机先停止。然后再按下 SB4 停止按钮，接触器 KM1 失电复位，M1 电动机后停止工作，实现对两台电动机逆序停止控制。

2. 如图 8-17 舞台艺术灯示意图，它共有 8 道灯，上方为拱形的 5 道灯，下方为阶梯形的 3 道。设计 PLC 控制舞台艺术灯系统，控制要求如下：

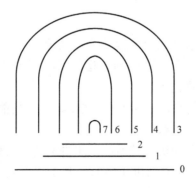

图 8-17　舞台艺术灯示意图

1）7 号灯每隔 1s 亮一次。

2）6、5、4、3 号 4 道灯由内到外每隔 1s 依次点亮，这样 4s 后再全亮 1s，再全灭 1s，以此循环往复。

3）2、1、0 号灯由上至下，每隔 1s 依次点亮，以此循环往复。

[考核评价]

技能检验考核要求及评分标准，如表 8-3 所示。

表 8-3　考核评价表

考核项目	考核要求	配分	评分标准	扣分	得分
设备安装	1. 会分配端口、画 I/O 接线图 2. 按图完整、正确及规范接线 3. 按照要求编号	30	1. 不能正确分配端口，扣 5 分，画错 I/O 接线图，扣 5 分 2. 错、漏线，每处扣 2 分 3. 错、漏编号，每处扣 1 分		
编程操作	1. 会采用顺序控制设计程序 2. 会采用时序波形图法设计程序 3. 正确输入梯形图 4. 正确保存文件 5. 会转换梯形图 6. 会传送程序	30	1. 不能设计出程序或设计错误扣 10 分 2. 输入梯形图错误一处扣 2 分 3. 保存文件错误扣 4 分 4. 转换梯形图错误扣 4 分 5. 传送程序错误扣 4 分		
运行操作	1. 运行系统，分析操作结果 2. 正确监控梯形图	30	1. 系统通电操作错误一步扣 3 分 2. 分析操作结果错误一处扣 2 分 3. 监控梯形图错误一处扣 2 分		
安全生产	遵守安全文明生产规程	10	1. 每违反一项规定，扣 3 分 2. 发生安全事故，0 分处理		
时间	90min		提前正确完成，每 5min 加 2 分 超过定额时间，每 5min 扣 2 分		
开始时间：		结束时间：		实际时间：	

[课后思考]

8.1　设计 PLC 控制两台电动机交替运转工作系统。控制要求是，按下 SB1 起动按钮，M1 电动机运转 5s，停止 2s；然后 M2 电动机运转 5s，停止 2s；以此循环工作，至到按下 SB2 停止按钮，两台电动机都停止工作。

8.2　设计 PLC 控制数码管自动显示 0～9 数字系统。功能要求是，运行 PLC 后，七段数码管每隔 1s 自动循环显示 0～9 数字。

8.3　设计 PLC 控制步进电动机运转系统。步进电动机工作方式为三相六拍，电动机三相线圈分别用 A、B、C 表示。当电动机正转时，其工作方式为 A→AB→B→BC→C→CA；当电动机反转时，其工作方式为 A→AC→C→CB→B→BA。（提示：步进电动机正转的时序波形图如图 8-18 所示。）

8.4　利用位移位指令实现十字路口交通信号灯的控制。

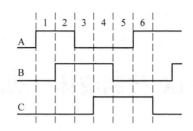

图 8-18　题 8.3 步进电动机正转的时序波形图

8.5　用位移位指令实现背景灯的控制。现有由黄灯、绿灯和红灯组成的三种背景灯，要求以黄灯亮 1s，红灯亮 1s，黄灯与红灯共同亮 1s，绿灯亮 1s，全熄 1s 五种状态循环工作。

8.6　指出图 8-19 中源操作数的地址、目的操作数的地址和移位的个数。

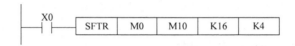

图 8-19　题 8.6 位移位指令

项目 9 PLC 控制液体自动混合装置

[学习目标]

1. 熟悉脉冲输出指令的特点及用法。
2. 掌握通用计数器 C 的使用方法。
3. 了解计数器的其他类型及特点。

[技能目标]

1. 会运用脉冲输出指令解决实际问题。
2. 会使用计数器实现控制电路的计数功能。

[实操训练]

1. 项目任务分析

如图 9-1 所示，两种液体混合控制装置，SL1、SL2、SL3 分别为液位的高、中、低传感器，液位淹没时才呈接通状态；流入液体 A、B 阀门与流出混合液阀门分别由 YV1、YV2、YV3 电磁阀控制；M 为搅拌电动机。

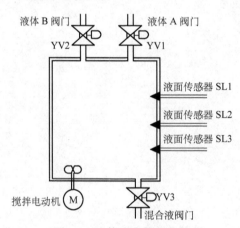

图 9-1 液体混合控制装置

设计 PLC 液体混合装置控制系统。控制要求如下：

1）按下起动按钮 SB，YV1 电磁阀门打开，液体 A 流入容器。

2）当液面到达 SL2 时，SL2 接通（SL2 状态为 ON），关闭 YV1 阀门，打开 YV2 电磁阀门，液体 B 流入容器。

3）液面到达 SL1（SL1 状态为 ON）时，关闭 YV2 阀门，搅拌电动机 M 开始工作。

4）搅拌电动机运转 1 分钟后停止工作，YV3 电磁阀门打开，混合后的液体放出容器。

5）当液面下降到 SL3，SL3 断开（SL3 状态由 ON→OFF）时，再过 20s 后，容器放空，YV3 阀门关闭，进入下一个工作周期。

6）整个工作过程自动循环 4 次结束。

2. 参考操作步骤

1）分配 I/O 端口。分配表见表 9-1。

表 9-1 输入/输出端口分配

输 入		输 出	
输入设备名称	输入端口	输出设备名称	输出端口
起动按钮 SB	X0	电磁阀门 YV1	Y1
液面传感器 SL1	X1	电磁阀门 YV2	Y2
液面传感器 SL2	X2	电磁阀门 YV3	Y3
液面传感器 SL3	X3	搅拌电动机接触器 KM	Y4

2）绘制 I/O 接线图。接线图如图 9-2 所示。

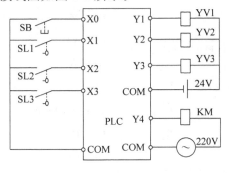

图 9-2 I/O 接线图

3）设计梯形图。梯形图如图 9-3 所示。

4）连接 PLC 外围设备。根据 I/O 接线图，PLC 关机状态下，正确连接输入设备（起动按钮 SB 和液面传感器 SL1、SL2、SL3）和输出设备（电磁阀 YV1、YV2、YV3，控制搅拌电动机的接触器 KM 及各电源）。

5）写入程序。打开 PLC 电源，将方式开关置于 STOP 状态下，通过编程器输入由梯形图转换后的指令语句。

6）运行 PLC。将方式开关置于 RUN 状态下，运行程序，按下起动按钮 SB，观察液体混合装置的工作过程。

[知识链接]

1. 脉冲输出指令 PLS、PLF

（1）PLS 脉冲上升沿指令 在输入信号的上升沿（0→1）产生脉冲输出。如图 9-4a 所示，PLS 指令使 M0 在 X0 由 OFF→ON 时刻动作，M0 产生单个脉冲，时间为一个扫描周期。

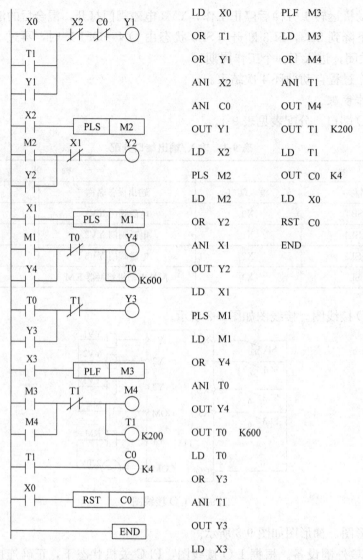

LD	X0		PLF	M3
OR	T1		LD	M3
OR	Y1		OR	M4
ANI	X2		ANI	T1
ANI	C0		OUT	M4
OUT	Y1		OUT	T1 K200
LD	X2		LD	T1
PLS	M2		OUT	C0 K4
LD	M2		LD	X0
OR	Y2		RST	C0
ANI	X1		END	
OUT	Y2			
LD	X1			
PLS	M1			
LD	M1			
OR	Y4			
ANI	T0			
OUT	Y4			
OUT	T0 K600			
LD	T0			
OR	Y3			
ANI	T1			
OUT	Y3			
LD	X3			

图 9-3 液体混合装置梯形图与指令语句

（2）PLF 脉冲下降沿指令 在输入信号的下降沿（1→0）产生脉冲输出。如图 9-4b 所示，PLF 指令使元件 M1 在 X0 由 ON→OFF 时刻动作，M1 产生单个脉冲，时间同样为一个扫描周期。

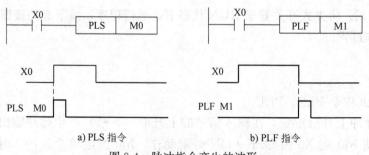

a) PLS 指令   b) PLF 指令

图 9-4 脉冲指令产生的波形

注意:

1) 一个扫描周期的时间不仅取决于 PLC 执行程序的速度,更取决于程序的长短。

2) 脉冲指令所驱动目标为输出继电器 Y 和辅助继电器 M,而特殊辅助继电器 M 不能被脉冲指令驱动。

2. 计数器 C 的基本用法

计数器的主要功能就是对指定输入端子上的输入脉冲或其他继电器逻辑组合的脉冲进行计数,达到计数器的设定值时,计数器的触点动作。输入脉冲一般要求具有一定的宽度,且计数发生在输入脉冲的上升沿。这里主要介绍通用累加计数器和通用断电保持计数器的基本用法。

(1) 通用累加计数器   FX$_2$ 系列 PLC 共有 100 个通用累加计数器,编号为 C0~C99。16 位的累加计数器,计数设定值为 1~32767,可以通过常数 K 或 H 直接设定,也可以通过数据寄存器 D 间接设定。通用累加计数器的基本用法示例如图 9-5 所示。

1) 当 X0 闭合,执行复位指令 RST,计数器 C0 清零,从 0 计数。

2) X1 端口接收输入脉冲信号,即输入信号在由低电平变为高电平 (0→1) 上升沿的瞬间,计数器加 1。计数器 C0 设定值为 K5,当 X1 端口先后输入 5 个脉冲,与设定值相等时,C0 的常开触点闭合,输出继电器 Y0 线圈得电,驱动外部设备工作。

3) 当 X0 再次闭合,计数器 C0 清零,C0 的常开触点恢复断开,Y0 线圈失电,外部设备停止工作。

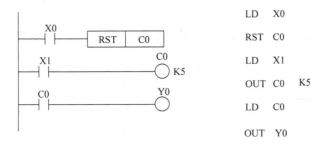

a) 梯形图与指令语句

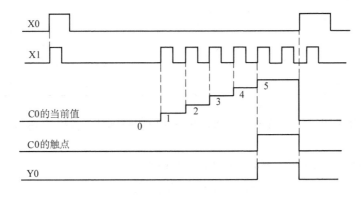

b) 波形图

图 9-5   通用累加计数器的基本用法

（2）通用断电保持计数器 FX$_2$ 系列 PLC 还有 100 个通用断电保持计数器 C100～C199，即当 PLC 断电时，其计数值能记忆下来，再次通电后，只要复位信号没有对计数器复位过，计数器将在原来计数值的基础上，继续计数。若计数在断电前已经计到，即使断电其触点也不复位，其他特性及使用方法和通用累加计数器完全相同。

3．液体混合装置的梯形图设计

图 9-3 所示为 PLC 控制液体混合装置梯形图，设计过程如下：

1）根据控制要求，在液面传感器 SL1、SL2、SL3 状态变化的时刻，采用脉冲指令输出一个脉冲信号来控制混合装置的相应设备，如图 9-6 所示。

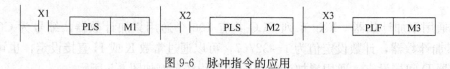

图 9-6　脉冲指令的应用

其中，SL2 和 SL1 液面传感器作为电磁阀 YV2 和电动机 M 事件的起动条件，分别利用脉冲指令 PLS 在 SL1、SL2 液面淹没（0→1 上升沿）时刻产生一个脉冲 M1、M2 作为起动信号。另外，T1 定时器是 SL3 液面下降（1→0 下降沿）时刻开始计时，利用脉冲指令 PLF 产生一个脉冲信号 M3 来起动 T1 定时器。

若不采用脉冲指令编程，则需在梯形图中增加多个联锁触点控制输出。采用脉冲指令，使液面传感器工作方式如起动按钮一样，避免了液体混合装置在工作过程中出现逻辑错误，使程序简洁，也易于编程。

2）运用前面介绍的"事件分析法"，并按照"事件"工作的先后顺序列出各事件的各个要素，如表 9-2 所示。

表 9-2　事件分析法的各个要素

事　件	事件的发生条件	事件的持续条件	事件的终止条件
电磁阀 YV1	SB	YV1	$\overline{SL2}$
电磁阀 YV2	SL2（M2）	YV2	$\overline{SL1}$
搅拌电动机 M（同时启动定时器 T0）	SL1（M1）	M	$\overline{T0}$
电磁阀 YV3	T0	YV3	$\overline{T1}$ 注：T1 定时器是 SL3 由 1→0 时（M3）开始计时

3）列出逻辑表达式，并按图 9-2 所示的 I/O 地址分配，替换表达式，再将逻辑表达式转换为梯形图。

① YV1＝（SB＋YV1）·$\overline{SL2}$→Y1＝（X0＋Y1）·$\overline{X2}$

② YV2＝（SL2＋YV2）·$\overline{SL1}$→Y2＝（M2＋Y2）·$\overline{X1}$

③ M/T0＝（SL1＋M）·$\overline{T0}$→Y4/T0＝（M1＋Y4）·$\overline{T0}$

④ YV3＝（T0＋YV3）·$\overline{T1}$→Y3＝（T0＋Y3）·$\overline{T1}$

4）设计循环工作控制和计数控制。T1 定时器作为液体混合装置整个工作流程的结束控制，因此，可利用 T1 定时器的两个常开触点，一个用来起动混合装置，与起动按钮并联，另一个用来作为计数器 C0 的计数脉冲，当 T1 定时器的常开触点闭合 4 次，与 C0 计数值相等时，C0 的常闭触点断开，终止液体混合装置的循环工作，如图 9-3 所示。

[知识拓展]

计数器其他类型的介绍。FX_2 系列 PLC 的计数器除了 200 个通用计数器外，还有双向计数器和高速计数器。

1. 双向计数器的特点

FX_2 系列 PLC 有 35 个双向计数器，即 C200～C234，其中 C220～C234 有断电保持功能。32 位双向计数器的计数范围为 -2147483648～$+2147483647$。

所谓双向是指计数的方向，有加计数和减计数两种。双向计数器的输入脉冲只能有一个，其计数方向是由特殊功能继电器 M82XX 来定义的。M82XX 中的 "XX" 与计数器编号相对应，如 C200 的计数方向由 M8200 定义，C210 的计数方向由 M8210 来定义。M82XX 若为 OFF 状态，则相应的 C2XX 为加计数；M82XX 若为 ON 状态，则 C2XX 为减计数。如图 9-7 所示梯形图所示双向计数器的用法。

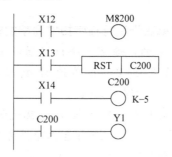

图 9-7　双向计数器的用法

如图 9-8 所示，分析双向计数器的工作过程。当 X12＝0，M8200＝0，则 C200 为加计数；当 X12＝1，M8200＝1，则 C200 为减计数。当计数器 C200 的当前值大于或等于设定值时，计数器线圈得电，其触点动作；当前值若小于设定值时，其触点复位。也就是说，当前值的加减与其触点无关。无论计数值为多少，只要执行 RST 复位指令，计数器当前值为 "0"，同时输出触点也复位。

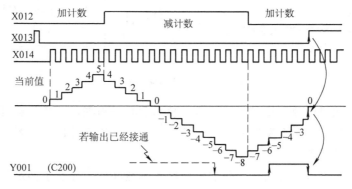

图 9-8　波形图分析

注意：如果当前值为 2147483647 加计数，则成为 － 2147483648，同样，如果由 －2147483648减计数，则成为 2147483647，这类动作称为环形（循环）计数。

通用计数器和双向计数器之间的区别见表 9-3。

表 9-3 两种计数器功能比较

项　　目	16 位通用计数器	32 位双向计数器
计数方向	加计数	加/减计数（切换同上述）
设定值	1～32767	－2147483648～2147483647
指定的设定值	常数 K 或数据寄存器	常数 K 或数据寄存器要一对
当前值的变化	加计数达到设定值后不变化	加计数后变化（循环计数器）
输出触点	加计数后保持动作	加计数保持动作，减计数复位
复位动作	执行 RST 命令时，计数器的当前值为零，输出触点恢复	
当前值寄存器	16 位	32 位

2. 高速计数器的特点

高速计数器是指那些能对频率高于执行程序扫描周期的输入脉冲进行计数的计数器。高速脉冲输入的最高频率也是受限制的，通常一个计数器的输入信号频率不能高于 7kHz 或 10kHz。FX_2 系列 PLC 专门设置了 21 个高速计数器，C235～C255。计数范围为 －2147483648～＋2147483647 或 0～2147483647。

适用于高速计数器输入端只有 6 点，X0～X5，也就是说实际上真正能同时被应用的只有 6 个。这是因为 PLC 在硬件设计上只允许高速脉冲信号从 X0～X5 这 6 个端子上引入，其他端子不能对高速脉冲信号进行处理。X6、X7 也是高速输入端，但只能用作起动信号而不能用于高速计数。

如图 9-9 所示，当 X10 接通时，选中高速计数器 C235，而 C235 对应的计数器输入端为 X0，计数器输入脉冲应为 X0 而不是 X10。当 X10 断开时，选中 C236 计数器，其计数输入端触点为 X1。所以特别注意，**不要用计数器输入端触点作计数器线圈的驱动触点。**

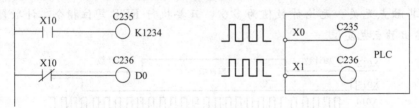

图 9-9 高速计数器的输入

高速计数器是按中断原则运行的，因而它独立于扫描周期，选定计数器的线圈应以连续方式驱动，以表示这个计数器及有关输入连续有效，而不能像普通计数器那样用产生脉冲信号的端子驱动高速计数器。

不同类型的计数器可同时使用，但它们的输入不能共享。各类型高速计数器与输入端的分配，如表 9-4 所示。

表 9-4　高速计数器

输入端子		X0	X1	X2	X3	X4	X5	X6	X7
1相无起动/复位	C235	U/D							
	C236		U/D						
	C237			U/D					
	C238				U/D				
	C239					U/D			
	C240						U/D		
1相带起动/复位	C241	U/D	R						
	C242			U/D	R				
	C243					U/D	R		
	C244	U/D	R					S	
	C245			U/D	R				S
1相2输入（双向）	C246	U	D						
	C247	U	D	R					
	C248				U	D	R		
	C249	U	D	R				S	
	C250				U	D	R		S
2相输入（A-B相型）	C251	A	B						
	C252	A	B	R					
	C253				A	B	R		
	C254	A	B	R				S	
	C255				A	B	R		S

注：U：加计数输入；D：减计数输入；A：A相输入；B：B复位输入；R：复位输入；S：起动输入。

[技能检验]

1. 设计 PLC 自动水塔控制系统，如图 9-10 所示。

具体控制过程如下：

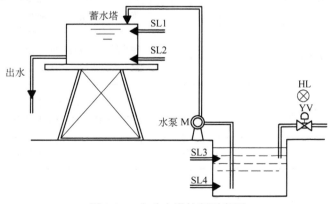

图 9-10　自动水塔控制示意图

1) 当蓄水池水位低于 SL4（SL4 状态为 OFF），电磁阀门 YV 打开进水，同时，定时器开始计时，4s 后，如果 SL4 还不接通（SL4 状态不为 ON），那么故障指示灯闪烁，表示 YV 阀门没有进水，出现故障。

2) 当 SL3 接通（SL3 状态为 ON）后，电磁阀门 YV 关闭。

3) 当 SL4 接通（SL4 状态为 ON）时，表示蓄水池已经有水，并且水塔水位低于 SL2（SL2 状态为 OFF），水泵 M 运转抽水。

4) 当水塔水位高于 SL1（SL1 状态为 ON）时，水泵停止运转。

2. 设计 PLC 组合灯亮度控制系统。控制要求是用一个按钮 SB 控制组合灯的三种亮度，按钮按一次，一盏灯亮，按第二次，两盏灯亮，按第三次，三盏灯亮，再按第四次，灯全灭，再次按下，重复以上过程。

[考核评价]

技能检验考核要求及评分标准如表 9-5 所示。

表 9-5　考核评价表

考核项目	考 核 要 求	配分	评 分 标 准	扣分	得分
设备安装	1. 会分配端口、画 I/O 接线图 2. 按图完整、正确及规范接线 3. 按照要求编号	30	1. 不能正确分配端口，扣 5 分，画错 I/O 接线图，扣 5 分 2. 错、漏线，每处扣 2 分 3. 错、漏编号，每处扣 1 分		
编程操作	1. 会运用脉冲指令设计程序 2. 会采用计数器编程 3. 正确输入梯形图 4. 正确保存文件 5. 会转换梯形图 6. 会传送程序	30	1. 不能设计出程序或设计错误扣 10 分 2. 输入梯形图错误一处扣 2 分 3. 保存文件错误扣 4 分 4. 转换梯形图错误扣 4 分 5. 传送程序错误扣 4 分		
运行操作	1. 运行系统，分析操作结果 2. 正确监控梯形图	30	1. 系统通电操作错误一步扣 3 分 2. 分析操作结果错误一处扣 2 分 3. 监控梯形图错误一处扣 2 分		
安全生产	遵守安全文明生产规程	10	1. 每违反一项规定，扣 3 分 2. 发生安全事故，0 分处理		
时间	90min		提前正确完成，每 5min 加 2 分 超过定额时间，每 5min 扣 2 分		
开始时间：		结束时间：		实际时间：	

[课后思考]

9.1　分析图 9-11 所示波形，利用脉冲指令设计梯形图，并写出指令语句。

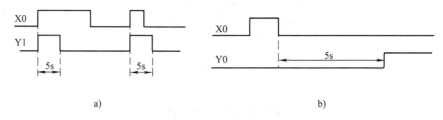

a)　　　　　　　　　　　　　　　　　b)

图 9-11　题 9.1 波形图

9.2　分析图 9-12 所示梯形图，根据已知输入信号波形，画出 M0、M1、Y0 的波形。

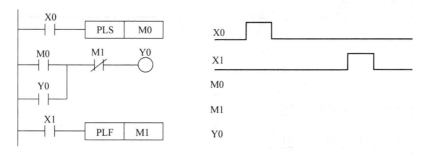

图 9-12　题 9.2 梯形图与波形图

9.3　设计用计数器控制信号灯工作梯形图。控制要求为，按下起动按钮，灯亮 5s，再灭 5s，重复工作 3 次后停止。

9.4　分析图 9-13 所示梯形图，并回答问题。

（1）分析 M8002、C0 的功能，并写出指令语句。

（2）分析该系统功能，根据 X0 端口所输入的信号时序波形图，画出 M0、Y0 的波形。

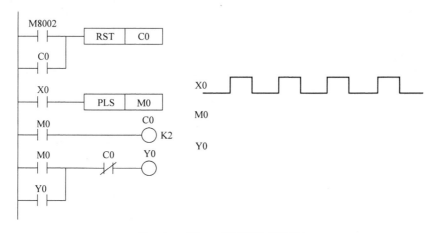

图 9-13　题 9.4 梯形图与波形图

9.5　分析图 9-14 所示梯形图，说明该电路实现何种控制？

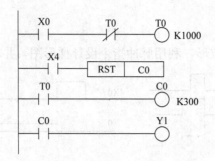

图 9-14　题 9.5 梯形图

9.6　分析图 9-15 所示梯形图，说明其工作原理，画出 T0、M0、M1、Y0、Y1 波形。

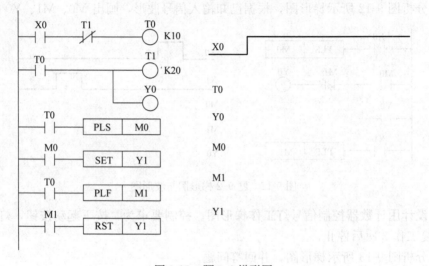

图 9-15　题 9.6 梯形图

项目 10 PLC 控制运料小车的运行

[学习目标]

1. 理解功能图的特点及在步进顺序控制中的应用。
2. 熟悉功能图构成的各个要素。
3. 掌握单流程和跳转功能图设计方法和步骤。
4. 掌握步进指令的用法及与功能图的相互转换。

[技能目标]

1. 会采用功能图法设计顺序控制电路。
2. 会采用跳转功能图设计复杂的顺序控制电路。

[实操训练]

1. 项目任务分析

如图 10-1 所示，某送料小车工作示意图。运料小车在 A、B 两地之间正向起动（前进）和反向起动（后退）运行，HL 为小车运行指示灯，在 A、B 两地分别装有限位开关 SQ1、SQ2。

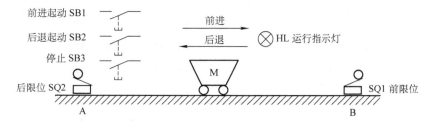

图 10-1 送料小车工作示意图

设计 PLC 控制运料小车的运行，控制要求如下：

1) 在初始状态下，按下起动按钮 SB1，小车前进至 B 点。

2) 限位开关 SQ1 动作，小车暂停 10s。

3) 10s 后，小车自动后退至 A 点，限位开关 SQ2 动作，运料小车又开始前进，如此循环工作。

4) 若小车发生过载，则不允许起动；小车运行时，运行指示灯亮。

2. 参考操作步骤

1) 分配 I/O 端口。分配表见表 10-1。

2) 绘制 I/O 接线图。接线图如图 10-2 所示。

表 10-1　输入/输出端口分配

输　入		输　出	
输入设备名称	输入端口	输出设备名称	输出端口
前进起动 SB1	X0	小车运行指示灯 HL	Y0
后退起动 SB2	X1	前进控制接触器 KM1	Y1
停止按钮 SB3	X2	后退控制接触器 KM2	Y2
前限位开关 SQ1	X3		
后限位开关 SQ2	X4		
热继电器 FR	X5		

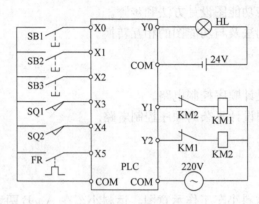

图 10-2　I/O 接线图

3）设计功能图。如图 10-3 所示。

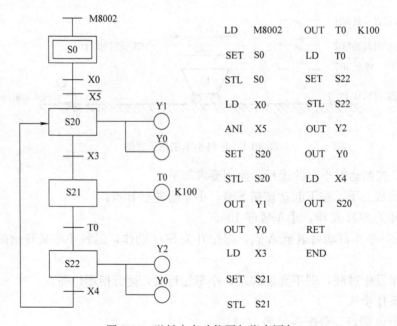

LD	M8002	OUT	T0 K100
SET	S0	LD	T0
STL	S0	SET	S22
LD	X0	STL	S22
ANI	X5	OUT	Y2
SET	S20	OUT	Y0
STL	S20	LD	X4
OUT	Y1	OUT	S20
OUT	Y0	RET	
LD	X3	END	
SET	S21		
STL	S21		

图 10-3　送料小车功能图与指令语句

4）连接 PLC 外围设备。根据 I/O 接线图，PLC 关机状态下，正确连接输入设备（起动按钮 SB、限位开关 SQ1 和 SQ2、热继电器 FR）和输出设备（运行指示灯 HL、接触器 KM1、KM2 及电源）。

5）写入程序。打开 PLC 电源，将方式开关置于 STOP 状态下，通过编程器输入由功能图转换后的指令语句。

6）运行 PLC。将方式开关置于 RUN 状态下，运行程序，按下起动按钮 SB1，观察运料小车的工作过程。

[知识链接]

在工业控制中，大部分的控制都属于顺序控制系统。生产机械在各个输入信号的作用下，按照生产工艺的规定，根据内部状态和时间的顺序，控制生产过程中各个执行机构自动有序地操作。对于较复杂的顺序控制系统，采用功能图设计方法编程，将会使程序更加形象直观，易于理解和应用。

1. 功能图的特点

功能图也称为状态转移图（简称 SFC），其功能是实现顺序步进控制。功能图中的状态是一步接着一步地执行，状态与状态之间由转移条件分隔，相邻两状态之间的转移条件得到满足时，就实现转移。即**前一个状态执行了，才允许后一个状态可以发生，而一旦后一个状态执行，前一个状态将自动立即停止。**因此，功能图的编制具有以下特点：

1）功能图是将复杂的任务或整个控制过程分解成若干阶段，这些阶段称为状态。无论多复杂的过程都能分成各个小状态，有利于程序的结构化设计。

2）相对于某一个具体的状态来说，控制任务实现了简化，给局部程序的编制带来了方便。

3）整体程序就是局部状态程序的综合，只要弄清各状态成立的条件、状态转移的条件和转移的方向，就可以进行功能图程序的设计。

功能图的这一特点，使各个状态之间的关系就像是一环扣一环的链表，变得十分清晰，不相邻状态间的繁杂联锁关系将不复存在，只需集中考虑实现本状态的功能即可。

2. 功能图的构成要素

（1）状态步　将被控对象整个工作过程分为若干状态步。状态器 S 是构成步进顺控指令的重要元件，FX$_2$ 系列 PLC 共有 1000 个状态 S0～S999，功能图中均用不同的 S 序列号表示各个状态步。

需要注意的是，功能图编制开始要确定初始步（状态）。初始状态是指一个顺序控制过程最开始的状态，由状态器 S0～S9 表示，有几个初始状态，就有几个相对独立的状态系列。一个控制系统必须有一个初始步，初始步可以没有具体要完成的动作，它对应于功能图起始位置，用双线框表示。首次开始运行时，初始状态必须用其他方法预先驱动，使它处于工作状态，否则状态流程就不可能进行。通常利用系统的初始脉冲 M8002 来驱动初始状态，如图 10-4 所示。

图 10-4　初始状态与指令语句

（2）驱动目标（负载）　即每个状态下确定其相应的动作。驱动目标软继电器包括 Y、T、C、M 等，可以是一个或多个，由状态器 S 直接驱动，也可由各种软继电器触点的逻辑组合来驱动。

（3）转移条件　在有向线段上用一个或多个小短线表示一个或多个转移条件，要视其具体逻辑关系进行串、并逻辑组合。当条件得以满足时，可以实现由前一状态步"转移"到下一状态步。为了确保控制系统严格的按照顺序执行，步与步之间必须有转移条件。

（4）有向线段　状态与状态间用有向线段连接，表示功能图控制的工作流程。当系统的控制顺序是从上向下时，可以不标注箭头，若控制顺序从下向上时，必须要标注箭头。控制系统结束时一般要有返回状态，若返回到初始状态，则实现一个工作周期的控制。

3. 运料小车运行的功能图设计

功能图法设计程序时，通常按状态分配、状态输出、状态转移三个步骤完成。以运料小车控制为例来说明功能图的编制方法。

（1）状态分配　将运料小车整个工作过程分解成各个独立的状态步，其中的每一步对应一个具体的工作状态，并分配相应状态器 S 的编号。如表 10-2 第 1 列所示，确定初始步及三个相应的工作状态步。

（2）状态输出　状态输出要明确每个状态下的负载驱动与功能，如表 10-2 第 2 列所示。其中，Y0 控制运行指示灯，Y1、Y2 分别控制小车的前进和后退，T0 定时器控制小车停止在 B 点的时间。

表 10-2　PLC 控制运料小车的状态表

状 态 分 配		状 态 输 出	状 态 转 移
初始步：原位	S0	无输出，PLC 初始化	X0·$\overline{X5}$：S0→S20
第 1 步：前进	S20	Y1、Y0 输出：小车前进、运行指示灯亮	X3：S20→S21
第 2 步：停止	S21	T0 计时：小车停止	T0：S21→S22
第 3 步：后退	S22	Y2、Y0 输出：小车后退、运行指示灯亮	X4：S22→S20

（3）状态转移　状态转移是要明确状态转移的条件和状态转移的方向，如表 10-2 第 3 列所示。当转移条件 X0 与 $\overline{X5}$ 成立时，即按下起动按钮 SB，且小车没有发生过载时，状态从初始步 S0 转移到 S20，运料小车开始前进，以此类推。最后当 X4 转移条件成立时，即小车碰到 SQ2 后限位开关，状态从 S22 转移到 S20，运料小车进入下一工作周期。

按照以上三个步骤的分析结果，依次画出功能图，如图 10-3 所示。也可以通过文字叙述的方法，先通过画出状态描述流程图，然后再用相应的状态器、输入输出继电器等来替换，如图 10-5 所示。

注意：在图 10-3 中出现了两个输出继电器 Y0。由功能图的功能特点可知，状态器 S 实现步进控制，即当后一个状态器 S 动作，

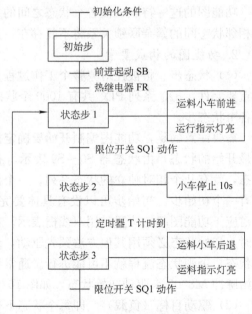

图 10-5　状态描述流程图

前一个状态器 S 便自动复位，因此在采用功能图设计程序中允许双线圈输出。如果相邻状态驱动同一个负载时，可以用 **SET** 指令将其置位，等到该负载无需驱动时，再用 **RST** 指令将其复位。

4. 步进指令与功能图的转换

（1）步进指令 FX 系列 PLC 有两条步进指令 STL 和 RET。

1）STL（Step Ladder Instruction）。用于状态器的常开触点与主母线的连接，梯形图中 STL 触点是用两个小矩形组成的常开触点表示，即"–▢▢–"。STL 触点闭合后，与此相连的电路就可以执行。在 STL 触点断开后，与此相连的电路停止执行。STL 步进指令仅对状态器 S 有效，状态器 S 也可以作为一般辅助继电器使用。

2）RET（Return）。用于步进触点返回主母线。STL 和 RET 配合使用，这是一对步进指令。在一系列步进指令 STL 后，加上 RET 指令，表明步进指令功能结束。

（2）步进指令编程规则

1）初始状态的编程。初始状态必须用其他方法预先驱动，一般利用 M8002 特殊辅助继电器来驱动，也可以用其他输入起动设备来驱动。由于状态器 S 具有断电保持功能，因

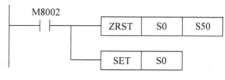

图 10-6 初始化编程处理

此，可采用下面的编程方法进行初始化处理，如图 10-6 所示。

ZRST 是区间复位功能指令，后面两个操作数表示复位的对象和区间，其操作的对象可以是 Y、M、S、T、C、D 软继电器。图中当 M8002 闭合，则执行区间复位操作，即 S0～S50 间的所有状态器全部复位，状态为 0。

2）STL 触点（状态器 S）本身只能用 SET 指令驱动。

3）凡是与状态器的步进触点相连的第一触点，要用取指令（LD、LDI）。

4）编程时先进行状态下的驱动处理，再进行转移条件的处理。

5）状态的顺序转移用 SET 指令，状态跳转（非连续转移）用 OUT 指令。

（3）功能图、步进梯形图与指令语句的转换 由功能图转换步进梯形图时，在梯形图中引入状态器的步进触点（双矩形框表示的触点）和步进返回指令 RET 后，就可以转换成相应的步进梯形图和指令语句，如图 10-7 所示。

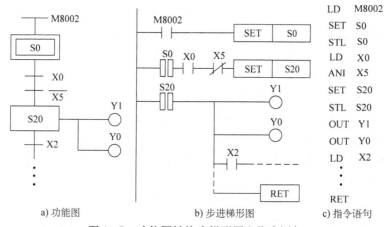

a) 功能图   b) 步进梯形图   c) 指令语句

图 10-7 功能图转换为梯形图和指令语句

[知识拓展]

1. 跳转与重复的编程方法

用功能图语言编程时，按照实际工艺流程的需要，有时状态之间的转移并非连续，而是要向非相邻的状态转移，称为状态的跳转。利用跳转返回某个状态重复执行一段程序称为重复。跳转与重复控制多为条件控制，当某个条件满足，状态跳转到相应的状态下执行。

（1）部分重复的编程方法　在某种情况下，需要返回到某个状态重复执行，这时可以采用部分重复的编程方法，如图 10-8a 所示。当状态 S22 为"1"时，若重复条件满足，即转移条件 X4 为"1"，而 X3 为"0"，则返回到状态 S21，重复执行该状态。

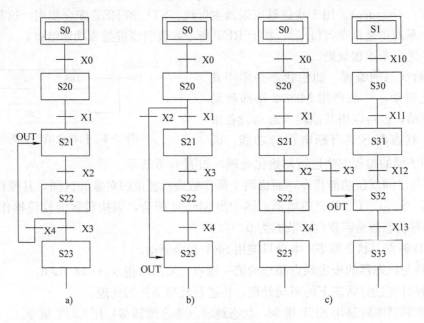

图 10-8　跳转的编程方法

（2）同一条分支内跳转的编程方法　在某种情况下，要求跳过某几个状态，而执行下面的程序，这时，可以采用跳转的编程方法，如图 10-8b 所示。当状态 S20 为"1"时，若转移条件 X2 为"1"，而 X1 为"0"，则直接跳转到状态 S23，S21、S22 不执行。

（3）跳转到另一条分支的编程方法　在某种情况下，要求程序从一条分支的某个状态跳转到另一条分支的某个状态继续执行，则可采用跳转到另一条分支的编程方法，如图 10-8c 所示。当状态 S21 为"1"时，若转移条件 X3 为"1"，而 X2 为"0"，则状态转移到 S32，程序执行另一条分支的状态。

2. 复位处理的编程方法

在用功能图编程时，若需要使其中某个运行的状态（该状态为"1"）停止运行（该状态置"0"），其编程方法如图 10-9 所示。当状态 S21 为"1"时，若转移条件 X3 为"1"，则执行 RST 指令，使状态 S21 复位为"0"。

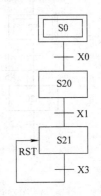

图 10-9　复位的编程方法

3. 跳转与重复的应用举例

在"运料小车"操作实例中，控制要求再补充以下两条：

1）小车在前进状态或者在后退状态时，如果按下停止按钮 SB3（X2 闭合），则小车均回到初始状态，并停止运行。

2）在初始状态时，如果按下后退按钮（X1 闭合），则小车由初始状态直接到后退状态，然后再按照后退→前进→延时→后退→……的顺序执行。

在补充以上 2 条控制要求后，只要在原功能图的基础上，增加转移条件和状态的跳转即可，如图 10-10 所示。

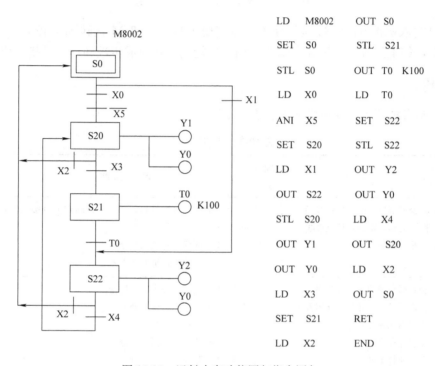

LD	M8002	OUT	S0
SET	S0	STL	S21
STL	S0	OUT	T0 K100
LD	X0	LD	T0
ANI	X5	SET	S22
SET	S20	STL	S22
LD	X1	OUT	Y2
OUT	S22	OUT	Y0
STL	S20	LD	X4
OUT	Y1	OUT	S20
OUT	Y0	LD	X2
LD	X3	OUT	S0
SET	S21	RET	
LD	X2	END	

图 10-10 运料小车功能图与指令语句

注意：将跳转的功能图转换为指令语句时，仍需按照编程原则进行。即先做状态下的驱动处理，再做转移处理，连续转移用 SET，非连续转移用 OUT。

[技能检验]

1. 设计一个装卸料小车控制功能图。小车运行如图 10-11 所示，电动机控制小车在 A、B 两地间前进、后退，A 地为卸料区、B 地为装料区，A、B 两地各装有 SQ1、SQ2 限位开关，小车底门和料斗的翻斗门分别由 YV1、YV2 电磁阀控制打开和关闭。具体控制过程如下：

1）初始状态，小车停在 A 地。

2）按下起动按钮，小车向前运行。

3）当小车前进至 B 点，压下限位开关 SQ2，小车暂停 10s，翻斗门打开装料。

4）10s 后，小车自动后退至 A 点，限位开关 SQ1 动作，小车停止并打开底门卸料，完成一个工作周期。

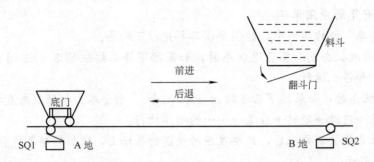

图 10-11 装卸料小车工作示意图

2. 设计洗衣机控制洗衣过程的程序，控制要求是电动机 M 正转 5s，停止 2s，再反转 5s，停止 2s，如上过程，重复 3 次结束。编写功能图，转换成步进梯形图及指令语句。

[考核评价]

技能检验考核要求及评分标准如表 10-3 所示。

表 10-3 考核评价表

考核项目	考核要求	配分	评分标准	扣分	得分
设备安装	1. 会分配端口、画 I/O 接线图 2. 按图完整、正确及规范接线 3. 按照要求编号	30	1. 不能正确分配端口，扣 5 分，画错 I/O 接线图，扣 5 分 2. 错、漏线，每处扣 2 分 3. 错、漏编号，每处扣 1 分		
编程操作	1. 会采用功能图法设计程序 2. 会设计具有跳转的功能图程序 3. 正确输入梯形图 4. 正确保存文件 5. 会转换梯形图 6. 会传送程序	30	1. 不能设计出程序或设计错误扣 10 分 2. 输入梯形图错误一处扣 2 分 3. 保存文件错误扣 4 分 4. 转换梯形图错误扣 4 分 5. 传送程序错误扣 4 分		
运行操作	1. 运行系统，分析操作结果 2. 正确监控梯形图	30	1. 系统通电操作错误一步扣 3 分 2. 分析操作结果错误一处扣 2 分 3. 监控梯形图错误一处扣 2 分		
安全生产	遵守安全文明生产规程	10	1. 每违反一项规定，扣 3 分 2. 发生安全事故，0 分处理		
时间	90min		提前正确完成，每 5min 加 2 分 超过定额时间，每 5min 扣 2 分		
开始时间：		结束时间：		实际时间：	

[课后思考]

10.1 设计四台电动机的顺序起动、逆序停止的功能图，具体控制要求如下：

1) 当按下起动按钮 SB1：M1→3s 后→M2→3s 后→M3→3s 后→M4。

2）当按下停止按钮 SB2：M4→2s 后→M3→2s 后→M2→2s 后→M1。

3）中途出现停止指令也能按反方向顺序停机。

10.2 设计液体混合装置控制功能图，如图 10-12 所示，具体控制要求如下：

1）按下起动按钮 SB，液体 A 阀门打开，液体 A 流入容器。

2）当液面到达 SL2 时，SL2 接通，关闭液体 A 阀门，打开液体 B 阀门。

3）液面到达 SL1 时，关闭液体 B 阀门，搅拌电动机开始搅匀。

4）搅拌电动机工作 1min 后停止搅动，混合液体阀门打开，开始放出混合液体。

5）当液面下降到 SL3，SL3 由接通变为断开，再过 20s 后，容器放空，混合液阀门关闭，整个液体混合工作结束。

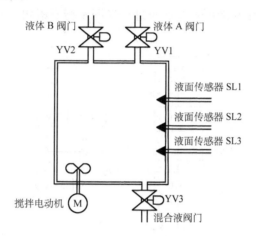

图 10-12　题 10.2 液体混合控制装置

10.3 设计灯光招牌控制功能图，某灯光招牌有 HL1～HL6 六个灯，控制要求是，当 X0 起动后，HL1～HL6 依次每隔 1s 轮流点亮，至 HL6 灯亮后维持 2s，再以 HL6～HL1 依次每隔 1s 轮流点亮，至 HL1 灯亮后维持 2s，以此循环往复。

10.4 皮带运输机广泛地运用于冶金、化工、机械、煤矿和建材等工业生产中。图 10-13 所示为某原材料皮带运输机的示意图。原材料从料斗经过 PD1、PD2 两台皮带运输机送出，由电磁阀 YV 控制从料斗向 PD1 供料，PD1、PD2 分别由电动机 M1 和 M2 控制，SB1、SB2 分别为起动和停止按钮，热继电器 FR1、FR2 分别作为电动机 M1、M2 的过载保护装置。

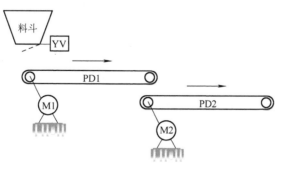

图 10-13　题 10.4 中原料皮带运输机示意图

具体控制要求如下：

1) 初始状态：料斗、皮带 PD1、PD2 全部处于关闭状态。

2) 起动操作：起动时为了避免在前段运输皮带上造成物料堆积，要求按一定时间间隔顺序起动。其操作步骤为：M2→延时 5s→M1→延时 5s→料斗 YV。

3) 停止操作：停止时为了使运输机皮带上不留剩余的物料，要求顺物料流动的方向按一定时间间隔顺序停止。其停止顺序为：料斗 YV→延时 10s→M1→延时 10s→M2。

4) 故障停车：在皮带运输机的运行中，若皮带 PD1 过载，应把料斗 YV 和 M1 同时关闭，皮带 PD2 即 M2 应在 10s 后停止；若皮带 PD2 过载，应把皮带 PD1、PD2（M1、M2）和料斗 YV 都关闭。

10.5 将图 10-14 所示功能图转换成步进梯形图及指令语句。

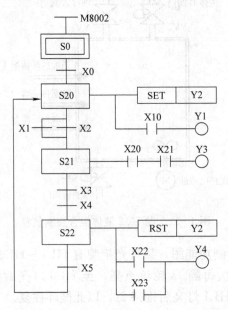

图 10-14　题 10.5 功能图

项目 11　PLC 控制化学反应装置

[学习目标]

1. 进一步熟悉功能图设计方法。
2. 理解选择结构与并发结构功能图的特点。
3. 掌握多流程控制的分支与合并的编程方法。
4. 掌握虚状态在选择与并行组合功能图中的应用。
5. 熟悉子程序调用指令的基本用法。

[技能目标]

1. 会编写具有选择控制、并发控制的功能图程序。
2. 会采用子程序调用指令编写可选择性的控制电路。

[实操训练]

1. 项目任务分析

化工生产中，某一个化学反应环节在一个混合加热容器中进行，如图 11-1 所示。该化学反应装置有三个电磁阀 YV1～YV3 控制三种不同的溶液进入容器（每次只能有两种溶液进入容器参与反应），YV4 电磁阀控制溶液的放出；SL1、SL2 为液面传感器，用于检测容器的空和满；搅拌电动机 M 用于混合溶液；加热器 R 给溶液加热，并装有温度传感器 T 检测加热温度。

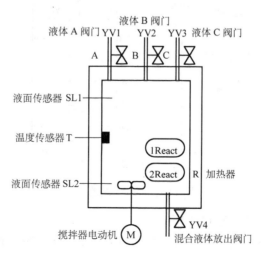

图 11-1　化学反应装置示意图

PLC 控制化学反应装置，控制要求如下：

1）在操作面板上两个按钮 1React、2React 分别用来选择不同的化学反应方式。若按下 1React 按钮，打开 YV1 和 YV3 电磁阀，同时放入 A、C 两种溶液；若按下 2React 按钮，则打开 YV2 和 YV3 电磁阀，同时放入 B、C 两种溶液。

2）当液面传感器 SL1 动作，立即关闭放入溶液电磁阀。

3）搅拌电动机 M 和加热器 R 同时起动，搅拌电动机 M 工作 60s 后停止，反应装置内温度达到 80℃后停止加热。

4）当搅拌电动机 M 和加热器 R 都停止工作后，打开 YV4 电磁阀，放出已混合加热后的化学溶液，当液面传感器 SL2 动作后，延时 5s 关闭 YV4 电磁阀，化学反应工作结束。

2. 参考操作步骤

1）分配 I/O 端口。分配表见表 11-1。

表 11-1　输入/输出端口分配

输　　入		输　　出	
输入设备名称	输入端口	输出设备名称	输出端口
1React 按钮 SB1	X1	电磁阀 YV1	Y1
2React 按钮 SB2	X2	电磁阀 YV2	Y2
液面传感器 SL1	X3	电磁阀 YV3	Y3
液面传感器 SL2	X4	电磁阀 YV4	Y4
温度传感器 T	X5	控制搅拌电动机 M 的接触器 KM1	Y5
		控制加热器 R 的接触器 KM2	Y6

2）绘制 I/O 接线图。接线图如图 11-2 所示。

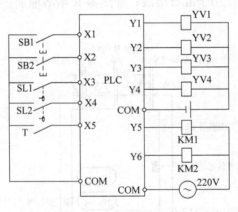

图 11-2　I/O 接线图

3）设计梯形图。梯形图如图 11-3 所示。

4）连接 PLC 外围设备。根据 I/O 接线图，PLC 关机状态下，正确连接输入设备（选择按钮 1React 和 2React、液面传感器 SL1 和 SL2、温度传感器 T）和输出设备（电磁阀 YV1～YV4、接触器 KM1、KM2 及电源）。

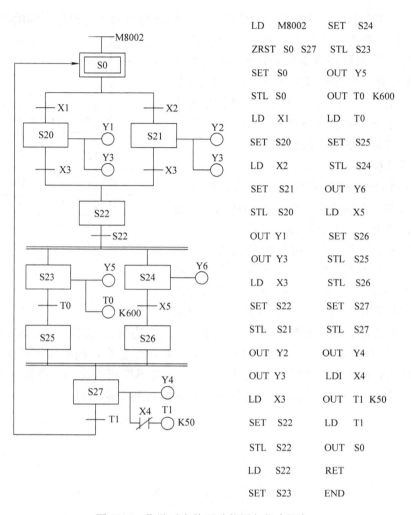

LD	M8002	SET	S24
ZRST	S0 S27	STL	S23
SET	S0	OUT	Y5
STL	S0	OUT	T0 K600
LD	X1	LD	T0
SET	S20	SET	S25
LD	X2	STL	S24
SET	S21	OUT	Y6
STL	S20	LD	X5
OUT	Y1	SET	S26
OUT	Y3	STL	S25
LD	X3	STL	S26
SET	S22	SET	S27
STL	S21	STL	S27
OUT	Y2	OUT	Y4
OUT	Y3	LDI	X4
LD	X3	OUT	T1 K50
SET	S22	LD	T1
STL	S22	OUT	S0
LD	S22	RET	
SET	S23	END	

图 11-3　化学反应装置功能图与指令语句

5）写入程序。打开 PLC 电源，将方式开关置于 STOP 状态下，通过编程器输入由功能图转换后的指令语句。

6）运行 PLC。将方式开关置于 RUN 状态下，运行程序，分别按下选择按钮 1React 和 2React，观察化学反应装置的工作过程。

[知识链接]

在步进顺序控制过程中，较为简单的是只有一个分支的单流程状态转移图。但是，也会碰到具有多个转移条件和多个分支的多流程状态编程。其中包括需要根据不同的转移条件，选择转向不同的分支的选择结构功能图，也有需要根据同一个转移条件同时转向几个分支的并行结构功能图。

1. 选择结构功能图

（1）选择结构功能图的特点　在多个分支结构中，当状态的转移条件在一个以上时，需要根据转移条件来选择转向哪个分支，这就是选择结构，如图 11-4 所示。

选择结构的功能图中，S20 为分支状态，其下面有两个分支，根据不同的转移条件 X1、X4 来选择转向其中的一个分支。此两个分支不可能同时被选中，若选择条件 X1 先闭合，则状态由 S21 向下依次转移，而此时即使 X4 闭合，状态 S23 也不会动作。图中 S25 称为汇合状态，当各分支状态 S22 或 S24 下各自的转移条件成立后，向汇合状态 S25 转移，则转移前的状态就自动复位。

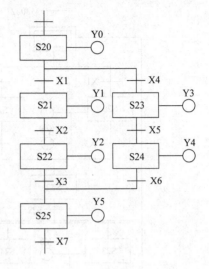

图 11-4　选择结构功能图

（2）选择结构功能图、步进梯形图与指令语句的转换　选择结构状态的编程与一般状态编程一样，也必须遵循以上模块中已经指出的规则。这里主要说明选择性分支与汇合处的编程方法。

1）选择性分支的编程。选择性分支仍遵循先负载驱动，后转移处理。如图 11-4 所示，在 S20 状态下，先驱动负载 Y0，再做转移处理，转移处理从左至右，然后程序先对左边分支的状态 S21、S22编程，左边分支的各个状态处理完毕后，再依次逐一将右边的分支状态 S23、S24 编程处理。

2）选择性汇合的编程。图 11-4 中两条分支均向 S25 汇合，通常在上两个分支的 S22、S24 状态下都已分别用 SET 指令驱动过状态 S25，因此 S25 可直接用步进指令 STL 编程。

如图 11-5 所示，选择结构功能图转换的步进梯形图和指令语句。

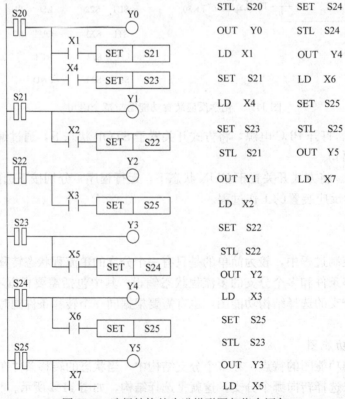

图 11-5　选择结构的步进梯形图与指令语句

2. 并行结构功能图

（1）并行结构功能图的特点　某个状态的转移条件满足，将同时执行两个和两个以上分支，称为并行结构。如图 11-6 所示，即为并行结构的功能图。

S20 为分支状态，其下面有两个分支，当转移条件 X1 接通时，两个分支将同时被选中，而且同时并行运行。当状态 S21 和 S23 接通时，S20 就自动复位。S25 为汇合状态，当两条分支都执行到各自的最后状态，S22 和 S24 都已接通，此时，若转移条件 X4 接通，将一起转入汇合状态 S25。一旦状态 S25 接通，前一状态 S22 和 S24 就自动复位。用

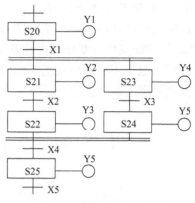

图 11-6　并行结构功能图

水平双线来表示并行分支，上面一条表示并行分支的开始，下面一条表示并行分支的结束。

（2）并行结构功能图、步进梯形图和指令语句的转换　并行结构状态的编程与一般状态编程一样，先进行负载驱动，后进行转移处理，转移处理从左到右依次进行。这里说明并行分支与汇合的编程处理。

1）并行分支的编程。先进行分支状态的驱动处理，再根据转移条件同时置位各分支的首转移状态。图 11-6 中，S20 分支状态下，通过连续使用 SET 指令分别对 S21、S23 状态实现驱动。然后按从左至右的次序，对各分支下的状态进行先负载驱动，后转移处理。

2）并行汇合的编程。按从左至右的次序对汇合状态进行同时转移，通过串联的 STL 触点来实现。图 11-6 中，将 S22、S24 的步进触点相串联后，再做转移处理。

如图 11-7 所示，并行结构功能图转换的步进梯形图与指令语句。

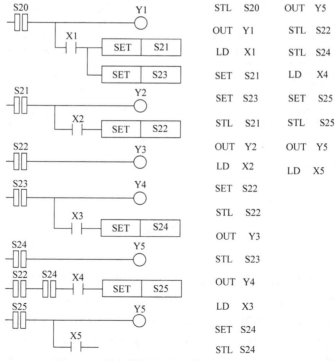

图 11-7　并行结构的步进梯形图和指令语句

3. 分支与汇合组合编程

在前面已经介绍了三种基本结构功能图：单流程的结构、选择性结构和并行结构。实际的 PLC 的功能图中常常用到上述基本结构的组合，只要将其拆分成基本结构，就能对其编程了。但是也有不能拆分成基本结构的组合，在分支与汇合流程中，各种汇合的汇合线或汇合线前的状态上都不能直接进行状态的转移，如图 11-8 所示功能图。

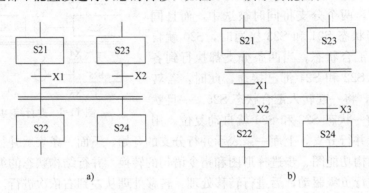

图 11-8　不可编程的功能图

为了使状态可以实现转移，这时对它们进行相应的等效变换，使其变为基本结构。常用的是虚状态法，即在汇合线到分支线之间插入一个假想的中间状态，以改变直接从汇合线到下一个分支线的状态转移，此中间状态并不影响整个程序的控制功能。这种假想的中间状态称为虚状态，加入虚状态之后的功能图就能够进行编程了。功能图如图 11-9a、b 所示，插入一个虚状态 S50。

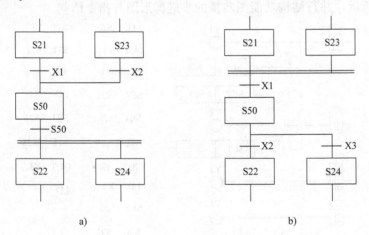

图 11-9　插入虚状态法

4. 化学反应装置的功能图设计

将化学反应装置的整个控制流程分为三个主要的状态步，第一状态步为选择放入不同的化学反应溶液，由状态器 S20 或 S21 控制电磁阀 YV1～YV3 实现；第二状态步为搅拌与加热，由状态器 S23 和 S24 分别控制电动机 M 和加热器 R 实现；第三状态步为放出混合溶液，由状态器 S27 控制 YV4 实现。其中运用选择性结构与并行结构来设计功能图，为了便于编程，在分支与汇合处插入了虚状态 S22、S25 和 S26。各状态下的驱动负载及其状态转移条件，如表 11-2 所示。

表 11-2　PLC 控制化学反应装置的状态表

状态分配		状态输出	状态转移
原位	S0	PLC 初始化	X1：S0→S20 X2：S0→S21
第 1 步： （不同类型化学反应）	S20	Y1、Y3 输出：打开电磁阀 YV1、YV3	X3：S20→S22
	S21	Y2、Y3 输出：打开电磁阀 YV2、YV3	S21→S22
第 2 步： （虚状态）	S22		S22：S22→S23 S22→S24
第 3 步： （同时搅拌与加热）	S23	Y5 输出、T0 计时：电动机搅拌 600s	T0：S23→S25
	S24	Y6 输出：加热器加热至 80℃	X5：S24→S26
第 4 步： （虚状态）	S25		S25·S26： S25→S27
	S26		S26→S27
第 5 步 （放出化学溶液）	S27	Y4 输出、T1 计时：打开电磁阀 YV4， 定时器 T1 在 SL2 动作时开始计时	T1：S27→S0

按照状态分配、状态输出、状态转移的步骤，画出功能图，如图 11-3 所示。

[知识拓展]

子程序是为一些特定的控制目的编制的相对独立的程序块，用来给主程序调用。为了能够和主程序区别开，规定把主程序排在前边，子程序排在后边，并用主程序结束指令 FEND 把这两部分隔开。

用子程序调用指令实现可选择性的多重输出控制，如图 11-10 所示。

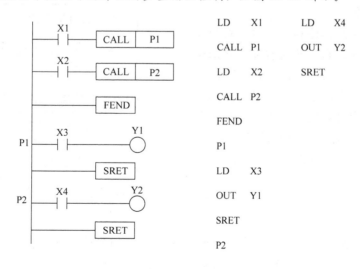

图 11-10　子程序实现可选择的多重输出控制梯形图

1. 子程序调用指令的基本用法

如图 11-10 所示。CALL 是子程序调用指令；FEND 是主程序结束指令；SRET 是子程序返回指令；P 是子程序的标号。当 X1 接通时，调用子程序 P1，程序跳到 P1 所指的那条程序，同时把调用指令下面的一条指令作为断点保存，子程序被执行，直到遇到 SRET 指令时，程序返回到主程序的断点处，继续按顺序执行主程序段。

子程序调用与返回指令使用说明概要如表 11-3 所示。

表 11-3 子程序调用与返回指令概要

指令名称	助记符	指令代码	操作数 D（·）	程序步
子程序调用	CALL（P）	FNC01	P0～P62 嵌套 5 级	3步/1步
子程序返回	SRET	FNC02	无	1步

注意：

1）标号是被调用子程序的入口地址，用 P0～P62 来表示，但同一标号不能重复使用，不同的 CALL 指令允许调用同一标号的子程序。

2）在子程序中用的定时器范围必须是 T192～T199 和 T246～249。

3）在子程序中可以再用 CALL 子程序，形成子程序嵌套，总共可以有 5 级嵌套。

2. 子程序调用指令的应用举例

某化工反应装置完成多种液体的化合工作。PLC 控制系统完成物料的比例进入及送出，并控制反应装置内的温度保持恒温。反应物料的比例进入根据装置内的容积高低来控制进阀门；反应物的送出根据进入装置内产生反应的时间来控制出阀门；恒温控制使用加温及降温设备。

在设计程序的总体结构时，将物料的比例进入与反应后的送出作为主程序，将加温及降温等逻辑控制为主的程序作为子程序。子程序的执行条件 X1 及 X2 分别为上限温度传感器及下限温度传感器，当温度变化引起 X1 或 X2 闭合时，则执行相应的子程序段，从而保持温度在一定的范围之内，如图11-11所示。

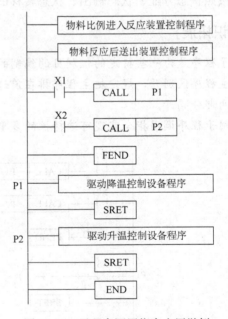

图 11-11 子程序调用指令应用举例

[技能检验]

1. 设计一个给咖啡发放三种不同量糖的功能图，控制要求如下：

1）运行按钮 SB，每按一次，咖啡机运行一个加糖周期。

2）咖啡机能发放三种不同量的糖：不加、1 份、2 份。在操作面板上设计三个按钮：NONE、1Sugar、2Sugar 分别来选择上述三种放糖量。

2. 用并行结构功能图法设计一个十字路口交通信号灯控制系统。控制要求是东西方向的绿灯 G1 亮 25s，闪烁 3s，黄灯 Y1 再亮 2s，同时南北方向的红灯 R2 亮 30s；接着，南北方向绿灯 G2 亮 25s，闪烁 3s，黄灯再亮 3s，同时东西方向红灯 R1 亮 30s。如此周而复始地循环。

[考核评价]

技能检验考核要求及评分标准如表 11-4 所示。

表 11-4 考核评价表

考核项目	考核要求	配分	评分标准	扣分	得分
设备安装	1. 会分配端口、画 I/O 接线图 2. 按图完整、正确及规范接线 3. 按照要求编号	30	1. 不能正确分配端口，扣 5 分，画错 I/O 接线图，扣 5 分 2. 错、漏线，每处扣 2 分 3. 错、漏编号，每处扣 1 分		
编程操作	1. 会编写选择性功能图程序 2. 会编写并发性功能图程序 3. 正确输入梯形图 4. 正确保存文件 5. 会转换梯形图 6. 会传送程序	30	1. 不能设计出程序或设计错误扣 10 分 2. 输入梯形图错误一处扣 2 分 3. 保存文件错误扣 4 分 4. 转换梯形图错误扣 4 分 5. 传送程序错误扣 4 分		
运行操作	1. 运行系统，分析操作结果 2. 正确监控梯形图	30	1. 系统通电操作错误一步扣 3 分 2. 分析操作结果错误一处扣 2 分 3. 监控梯形图错误一处扣 2 分		
安全生产	遵守安全文明生产规程	10	1. 每违反一项规定，扣 3 分 2. 发生安全事故，0 分处理		
时间	90min		提前正确完成，每 5min 加 2 分 超过定额时间，每 5min 扣 2 分		
开始时间：		结束时间：		实际时间：	

[课后思考]

11.1 引入虚状态，将图 11-12 所示不可编程的功能图变换成可编程的流程结构。

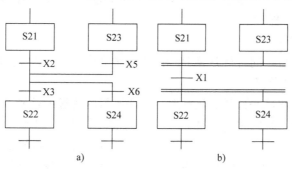

图 11-12 题 11.1 不可编程功能图

11.2　设计一个煮咖啡时物料混合的 SFC 程序。当按下起动按钮 SB 后，制作一个咖啡所需要的 4 种成分开始同时混合。控制过程如下：

1) 热水阀打开，加热水 1s；加糖阀打开，加糖 2s；牛奶阀打开，加牛奶 2s；加咖啡阀打开，加咖啡 2s；

2) 物料混合 2s 后结束。

11.3　用并行结构功能图设计一个由 PLC 控制的广告牌系统，广告牌以三个广告字彩灯组成。控制要求如下：

1) 使用一个普通开关 SB，作为彩灯起动用。

2) 当合上起动开关时，依次输出 Y0～Y2，彩灯 HL0～HL2 就依次点亮，每个灯被点亮间隔为 0.5s。

3) 至彩灯 HL0～HL2 全部点亮时，继续维持全亮 0.5s，此后它们全部熄灭，也维持全熄 0.5s。要求全亮全灭闪烁三次。

4) 自动重复下一轮循环。

11.4　分析图 11-13 所示选择结构功能图原理，该图设计是否存在问题，需如何改进。

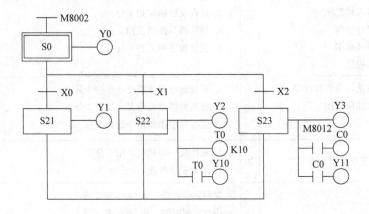

图 11-13　题 11.4 选择结构功能图

11.5　某化工生产的一个化学反应过程是在 4 个容器中进行，如图 11-14 所示。化学反应中的各个容器之间用泵进行输送，每个容器都装有传感器，用于检测容器的空和满。2♯容器装有加热器和温度传感器；3♯容器装有搅拌器。当 1♯、2♯容器里的液体抽入到 3♯容器时，起动搅拌器。3♯容器是 1♯、2♯容器体积的总和，3♯容器的液体抽入 4♯容器，3♯和 4♯容器的体积一样。

整个控制过程如下：

1) 按下起动按钮后，同时打开泵 P1 和 P2，碱溶液进入 1♯容器内，聚合物进入 2♯容器，直到 1♯、2♯容器装满。

2) 关闭泵 P1 和 P2，并打开加热器 R，直到容器内的温度达到 60℃。

3) 关闭加热器 R，并同时打开泵 P3、P4 及搅拌器 M，将 1♯和 2♯容器中的液体放入到 3♯容器，直到 1♯、2♯放空，3♯装满，搅拌器 M 工作 60s 结束。

4) 关闭搅拌器 M、泵 P3 和 P4，并打开泵 P5，将 3♯容器内混合好的液体经过过滤器抽到 4♯容器，直到 3♯容器放空 4♯装满。

5）关闭泵 P5，并打开泵 P6 将产品从 4# 容器中放出，直到 4# 容器放空为止。

6）在任何时候按下停止操作按钮，控制系统都要将当前的化学反应过程进行到底，才能停止动作，防止液体的浪费。

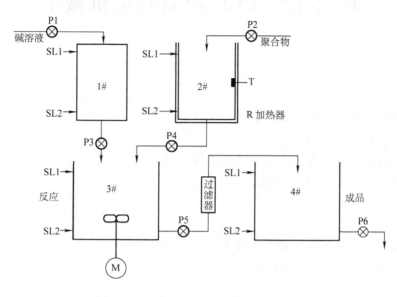

图 11-14　题 11.5 化学反应装置示意图

11.6　某一油循环系统如图 11-15 所示，设计功能图、梯形图和指令语句。控制要求如下：

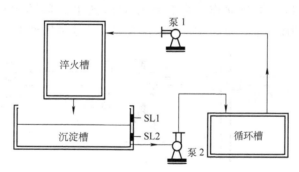

图 11-15　题 11.6 油循环系统示意图

1）当按下起动按钮 SB1 时，泵 1 和泵 2 通电运行，由泵 1 将油从循环槽打入到淬火槽；经过沉淀，再由泵 2 打入循环槽，运行 15s 后，泵 1、泵 2 停止工作。

2）在泵 1、泵 2 运行期间，当沉淀槽液位升高到高液位时，液位传感器 SL1 接通，此时泵 1 停止，泵 2 继续运行 1s。

3）在泵 1、泵 2 运行期间，当沉淀槽液位降低到低液位时，液位传感器 SL2 接通，此时泵 2 停止，泵 1 继续运行 1s。

4）按下停止按钮 SB2 时，泵 1、泵 2 停止。

项目 12　PLC 控制搬运机械手

[学习目标]

1. 理解多种工作方式的具体意义。
2. 掌握功能指令 IST 的用法。
3. 熟悉特殊辅助继电器 M8040～M8047 的作用。
4. 掌握跳转指令 CJ 的基本用法。

[技能目标]

1. 会使用状态初始化指令 IST 编写多种工作方式的程序。
2. 会使用跳转指令 CJ 编写控制程序。

[实操训练]

1. 项目任务分析

某机械手动作过程如图 12-1 所示，该机械手可以上、下、左、右运动，并可以对物品实现夹紧与放松的操作，每个动作均由各动作对应的电磁阀驱动气缸来完成的。SQ1、SQ2、SQ3、SQ4 分别作为上、下、左、右限位开关，能控制机械手准确定位。

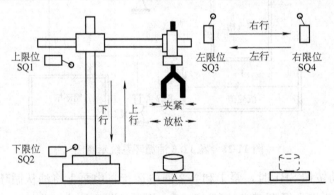

图 12-1　机械手动作过程示意图

PLC 控制机械手的运动，控制要求如下：

1）机械手停在初始位置上，其上限位开关 SQ1 和左限位开关 SQ3 闭合。

2）当按下起动按钮 SB，机械手由初始位置开始向下运动，直到下限位开关 SQ2 闭合为止。

3）在 A 处机械手夹紧工件时间为 1s。

4）夹紧工件后向上运动，直到上限位开关 SQ1 闭合为止。

5）再向右运动，直到右限位开关 SQ4 闭合为止。

6）再向下运动，直到下限位开关 SQ2 闭合为止。

7）机械手将工件放在工作台 B 处，其放松的时间为 1s。

8）再向上运动，直到上限位开关 SQ1 闭合为止。

9）再向左运动，直到左限位开关 SQ3 闭合为止，机械手返回到初始状态，完成一个工作周期。

另外，要求 PLC 控制机械手动作具有多种操作方式。如图 12-2 所示为机械手操作面板，其中 SA 为旋转选择开关，与 PLC 输入端口 X20～X24 相连，就面板上标明的几种工作方式说明如下：

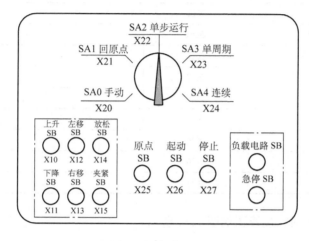

图 12-2　操作面板

1）手动控制方式。选择开关 SA 置于 SA0 手动处，即 X20 接通，再通过控制面板上各自的按钮（X10～X15）使机械手单独接通或断开，完成其相应的动作。

2）回原点控制方式。选择开关 SA 置于 SA1 回原点处，即 X21 接通，当按下原点按钮 X15，机械手自动回到原点位置。

3）单步运行控制方式。选择开关 SA 置于 SA2 单步运行处，即 X22 接通，按动一次起动按钮 X26，机械手前进一个工作状态。

4）单周期控制方式。选择开关 SA 置于 SA3 单周期处，即 X23 接通，同样按下起动按钮 X26，机械手自动运行一个工作周期后回到原点位置停止。

5）连续运行控制方式。选择开关 SA 置于 SA4 连续处，即 X24 接通，机械手在原点位置时，按下起动按钮 X26，机械手可以连续反复地运行。若在运行过程中，按下停止按钮 X27，机械手运行回到原点处才自动停止。

其中，单步、单周期、连续运行控制方式均属于自动控制方式。

注意：面板上的负载电路起动按钮与急停按钮与 PLC 运行程序无关，这两个按钮仅用于接通或断开 PLC 外部的电源。

2. 参考操作步骤

1）分配 I/O 端口。分配表见表 12-1。

表 12-1 输入/输出端口分配

输　　入		输　　出	
输入设备名称	输入端口	输出设备名称	输出端口
上、下、左、右限位 SQ1～SQ4	X1～X4	原点指示灯 HL	Y0
上升 SB1	X10	上升控制电磁阀 YV1	Y1
下降 SB2	X11	下降控制电磁阀 YV2	Y2
左移 SB3	X12	左移控制电磁阀 YV3	Y3
右移 SB4	X13	右移控制电磁阀 YV4	Y4
放松 SB5	X14	放松/夹紧控制电磁阀 YV5	Y5
夹紧 SB6	X15		
手动控制方式 SA0	X20		
回原点控制方式 SA1	X21		
单步运行控制方式 SA2	X22		
单周期控制方式 SA3	X23		
连续控制方式 SA4	X24		
回原点按钮 SB7	X25		
起动按钮 SB8	X26		
停止按钮 SB9	X27		

2）绘制 I/O 接线图。接线图如图 12-3 所示。

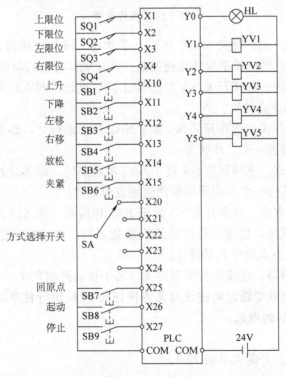

图 12-3　I/O 接线图

3）设计梯形图（详见知识链接）。

4）设计机械手控制系统指令语句。指令语句见表 12-2。

表 12-2　机械手控制系统指令语句

步 序 号	指令语句	步 序 号	指令语句	步 序 号	指令语句
001	LD X3	031	STL S1	061	STL S22
002	AND X1	032	LD X25	062	OUT Y1
003	ANI Y5	033	SET S10	063	LD X1
004	OUT M8044	034	STL S10	064	SET S23
005	OUT Y0	035	RST Y5	065	STL S23
006	LD M8000	036	RST Y2	066	OUT Y4
007	IST X20 S20 S27	037	OUT Y1	067	LD X4
008	STL S0	038	LD X1	068	SET S24
009	LD X15	039	SET S11	069	STL S24
010	SET Y5	040	STL S11	070	OUT Y2
011	LD X14	041	RST Y4	071	LD X2
012	RST Y5	042	OUT Y3	072	SET S25
013	LD X10	043	LD X3	073	STL S25
014	ANI X1	044	SET S12	074	RST Y5
015	ANI Y2	045	STL S12	075	OUT T1 K10
016	OUT Y1	046	SET M8043	076	LD T1
017	LD X11	047	RST S12	077	SET S26
018	ANI X2	048	STL S2	078	STL S26
019	ANI Y1	049	LD M8041	079	OUT Y1
020	OUT Y2	050	AND M8044	080	LD X1
021	LD X12	051	SET S20	081	SET S27
022	AND X1	052	STL S20	082	STL S27
023	ANI X3	053	OUT Y2	083	OUT Y3
024	ANI Y4	054	LD X2	084	LD X3
025	OUT Y3	055	SET S21	085	OUT S2
026	LD X13	056	STL S21	086	RET
027	AND X1	057	SET Y5	087	END
028	ANI X4	058	OUT T0 K10		
029	ANI Y3	059	LD T0		
030	OUT Y4	060	SET S22		

5）连接 PLC 外围设备。根据 I/O 接线图，在 PLC 处于关机状态下，正确连接输入设备（限位开关 SQ1～SQ4、手动控制各动作按钮 SB、多种控制方式选择开关 SA 及起动、停止按钮 SB 等）和输出设备（原点指示灯 HL、电磁阀 YV1～YV5 及电源）。

6）写入程序。打开 PLC 电源，将方式开关置于 STOP 状态下，通过编程器输入表 12-2 所示的指令语句。

7）运行 PLC。将方式开关置于 RUN 状态下，运行程序。转换选择开关，在不同的控制方式下观察机械手的动作过程。

[知识链接]

1. 状态初始化指令 IST

FX 系列 PLC 的状态初始化功能指令为 IST，它与 STL 指令一起使用，专门用来设置具有多种工作方式的控制系统的初始状态以及相关特殊辅助继电器的状态，可以简化复杂顺序控制程序设计。IST 指令只能使用一次，它应放在程序开始的地方，被它控制的 STL 步进程序应放在它的后面。

（1）状态初始化指令 IST 的用法　如图 12-4 所示，IST 指令的梯形图举例。图中，X20 是源操作数的首元件编号；S20 是自动运行方式功能图中最小状态器编号；S27 是自动方式中的最大状态器编号。当功能指令 IST 执行条件满足时，下面的连续编号输入点、初始状态器及相应的特殊辅助继电器自动被指定以下功能，如表 12-3 所示。

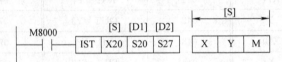

图 12-4　IST 指令的梯形图和源操作数选用范围

表 12-3　IST 指令自动指定各继电器功能

连续编号的输入点		特殊辅助继电器		初始状态器	
X20	手动操作方式	M8040	禁止转移	S0	手动操作控制初始状态
X21	返回原点控制方式	M8041	开始转移起动	S1	回原点控制初始状态
X22	单步运行方式	M8042	起动脉冲	S2	自动控制初始状态
X23	单周期运行方式	M8043	回原点完成		
X24	连续运行方式	M8044	原点条件		
X25	回原点起动	M8047	STL 监控有效		
X26	起动（单步/单周期/连续）				
X27	停止				

注意：为配合 IST 指令编程，源操作数必须指定具有连续编号的输入点，如 X20～X27 连续的 8 个输入点。若无法指定连续编号，则要使用辅助继电器 M 作为 IST 指令的输入首元件，这样采用 8 个连续的 M 替代不连续的输入点 X 就可以了。

（2）特殊辅助继电器在多种工作方式下的应用

1）M8040 禁止状态转移标志。接通 M8040 线圈使其为 ON 时，禁止所有状态转移。在多种控制方式下，M8040 的状态有以下不同的变化，起到不同的作用。

当选择开关置于手动控制方式时，M8040 始终为 ON，即禁止在手动操作时其他状态发生转移。

当选择开关置于回原点和单周期工作方式时，若在运行过程中按下停止按钮，M8040变为ON并保持，状态转移被禁止，系统完成当前工作后，停在当前状态。当按下起动按钮后，M8040才变为OFF，允许转移，系统将继续完成剩下的工作。

当选择开关置于单步工作方式时，M8040一直保持为ON，状态禁止转移，只有在按下起动按钮才变为OFF，即按下一次起动按钮，状态转移一次，实现单步控制。

当选择开关置于自动工作方式时，M8040先为ON并保持，禁止转移，只要按下起动按钮，M8040就变为OFF，工作状态实现连续转移。

2）M8041状态转移起动标志。它是自动控制程序中的初始状态S2向下一状态转移的条件之一。在手动和回原点控制方式时不起作用；在单步和单周期工作方式中，M8041只是在按下起动按钮时才起作用，但并不保持为ON状态；在连续工作方式下，按下起动按钮后，M8041为ON状态并保持，使系统能够连续循环工作，在按下停止按钮后变为OFF，系统将运行至原点后结束。

3）M8042起动脉冲标志。在非手动控制方式下，按起动按钮或回原点按钮，M8042产生一个脉冲，时间为一个扫描周期，作为状态转移的起动信号。

4）M8043回原点完成标志。在选择单步、单周期、连续运行方式之前，先要进入回原点工作方式，使M8043变为ON后，状态器S2才会被驱动为ON，当按下起动按钮后，S2才能向下一状态转移。M8043必须通过用户程序控制实现，在回原点完成后，用SET指令将其置位。

5）M8044原点条件标志。系统满足初始条件时使M8044为ON，通过用户程序来设定。

6）STL监控有效M8047。当M8047为1时，只要状态S0～S999中任何一个状态为1，M8046就接通，同时，特殊的数据寄存器D8040内的数表示S0～S999中状态为1的最小编号，D8041～D8047内的数依次代表其他各个状态为1的编号。当M8047为0时，不论S0～S999中状态有多少个为1，M8046始终为0，D8040～D8047内的数不变。

2. 机械手多种工作方式运行的程序设计

（1）初始化程序　任何控制系统编程设计时都应该有初始化功能。程序的初始化功能就是自动设定控制程序的初始参数，机械手控制系统的初始化程序要设定初始状态和原点位置条件，如图12-5所示。图中特殊辅助继电器M8044作为原点位置条件，由程序设定其状态。当机械手处于左、上位置时，且机械手呈放松状态，驱动M8044为1，作为执行自动控制程序的条件。其他初始状态由IST指令自动设定。

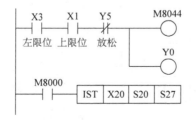

图 12-5　机械手初始化梯形图

（2）手动控制程序　状态器S0被IST指令自动设定为手动方式的初始状态，如图12-6

所示。在 S0 状态下，按下 X15 端口的按钮，Y5 置位，YV5 电磁阀得电实现夹紧动作，X14 闭合，Y5 复位实现放松动作。同理，由 X10、X11、X12、X13 分别控制机械手完成左移、右移、上移、下移动作。在上升、下降和左移、右移的控制中加入互锁及限位。上限位 X1 为左、右移的工作条件，即机械手必须处于最上端位置时才能进行左、右移动。

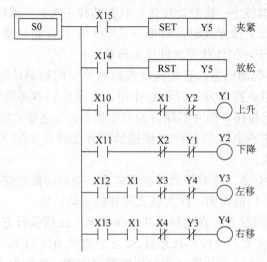

图 12-6　手动控制方式梯形图

（3）回原点控制程序　状态器 S1 被 IST 指令自动设定为回原点方式的初始状态，如图 12-7 所示。在 S1 状态下，按下 X25 端口的回原点按钮，状态转移至 S10，机械手爪松开，下降停止，上升至上限位 X1 闭合，状态转移 S11；机械手停止右移，并实现左移，直至左限位 X3 闭合，状态转移 S12；机械手停在原点（左上端），特殊辅助继电器 M8043 置位，标志回原点结束，驱动 S2 状态器，同时状态 S12 复位。S10～S19 专门用于多种运行方式中返回原点状态器。

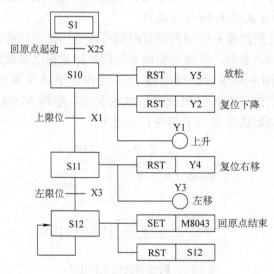

图 12-7　回原点控制功能图

（4）自动控制程序　状态器 S2 被 IST 指令设定为自动控制的初始状态，如图 12-8 所示。当辅助继电器 M8041、M8044 闭合时，状态从 S2 向 S20 转移。状态器 S20 置位，Y2 得电，机械手下降，直到下限位 X2 闭合，状态转移到 S21；S21 置位（S20 自动复位，下降停止），Y5 得电，机械手夹紧工件并保持，由定时器 T0 控制动作时间为 1s，1s 后，T0 触点闭合，状态转移到 S22；S22 状态下，Y1 得电，机械手夹紧工件上升，直到上限位 X1 闭合，状态转移到 S23；S23 置位，机械手上升自动结束，Y4 得电并右移，直到右限位 X4 闭合，状态转移到 S24；S24 置位，Y2 得电，机械手下降，直到下限位 X2 闭合，状态转移到 S25；S25 置位，Y5 复位，机械手松开工件，同时定时器 T1 计时 1s，之后 T1 触点闭合，状态转移到 S26；状态 S26 使机械手完成上升动作，X1 上限位闭合，状态转移到 S27；状态 S27 使机械手左移，当左限位 X3 闭合，状态返回到 S2，进入下一个工作周期。

注意：单步运行、单周期运行和连续运行均在自动控制程序中完成，是由方式开关的选择和特殊辅助继电器来实现控制。

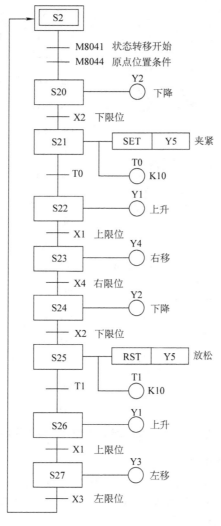

图 12-8　机械手自动控制功能图

[知识拓展]

多种工作方式（手动、自动等）还可以通过条件跳转指令 CJ 来实现。下面通过三台电动机 M1～M3 的手动与自动控制来说明跳转指令 CJ 的应用，如图 12-9 所示。该梯形图实现以下控制功能：

（1）手动工作方式　每台电动机可以分别实现起动、连续和停止控制。

（2）自动工作方式　按下起动按钮，M1～M3 每隔 5s 依次起动，按下停止按钮三台电动机停止。

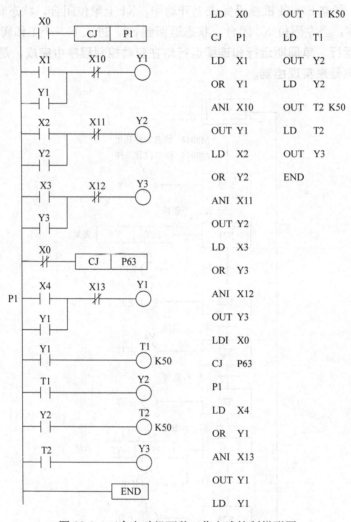

LD X0	OUT T1 K50
CJ P1	LD T1
LD X1	OUT Y2
OR Y1	LD Y2
ANI X10	OUT T2 K50
OUT Y1	LD T2
LD X2	OUT Y3
OR Y2	END
ANI X11	
OUT Y2	
LD X3	
OR Y3	
ANI X12	
OUT Y3	
LDI X0	
CJ P63	
P1	
LD X4	
OR Y1	
ANI X13	
OUT Y1	
LD Y1	

图 12-9　三台电动机两种工作方式控制梯形图

1. 条件跳转指令 CJ 的用法

条件跳转指令 CJ 后跟标号，其用法是当跳转条件成立时跳过一段指令，跳转到指令中所标明的标号处继续执行，若条件不成立则继续顺序执行。这样可以减少扫描时间，提高程序执行速度，并使"双线圈操作"成为可能。

子程序调用与跳转指令的区别：**CALL 的跳转是"有去有回"，待子程序结束后将回到**

主程序的断点处继续执行原来的程序；**CJ** 指令也是一种跳转，但 **CJ** 跳转是"有去无回"。因此，为了区别两者，把 CALL 称为子程序"调用"指令。

CJ 指令说明如表 12-4 所示。

表 12-4 CJ 跳转指令概要

指令名称	助记符	指令代码	操作数 D（·）	程序步
条件跳转	CJ、CJ（P）	FNC16	P0～P63	3 步

注意：

1） 标号不能重复使用，但能多次被引用。

2） 被跳过的程序段中的指令，无论驱动条件是有效还是无效，其输出都不作变动。

3） P63 即 END，在指令语句中不需要再输入。

2. 跳转指令的应用举例

如图 12-9 梯形图所示，PLC 控制三台电动机自动与手动工作方式，具体设计过程如下：

（1）自动工作方式 当 X0 常开触点闭合，程序将跳转到标号 P1 处。此时，即使按下手动起动按钮，X1～X3 闭合，Y1～Y3 状态也不变化。同时，因为 X0 常闭触点断开，所以 CJP63 的跳转条件不成立，则 PLC 执行自动工作程序段，X4 闭合，三台电动机按时间顺序先后自行起动。

（2）手动工作方式 当 X0 常开触点处于断开状态，CJP1 的跳转条件不成立，PLC 则继续执行程序，此时可进行电动机的手动操作方式。同时，因为 X0 常闭触点是闭合的，CJP63 的跳转条件成立，PLC 直接跳至 END 指令，所以即使按下自动起动按钮，即 X4 闭合，程序也不会进入自动操作方式。

[技能检验]

1. 某机械加工设备有一个钻孔动力头，该动力头的加工过程如图 12-10 所示，整个控制过程分为原位、快进、工进、和快退，分别由液压电磁阀 YV1、YV2、YV3 控制动作行程，动力头行进过程中不同位置装有 SQ1、SQ2、SQ3 为限位开关。

PLC 控制钻孔动力头，控制过程如下：

1）初始状态下，动力滑台停在原位，且原点指示灯亮，SQ1 限位开关闭合。

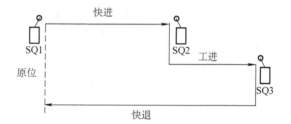

图 12-10 钻孔动力头工作过程

2）按下起动按钮 SB，动力滑台快进至 SQ2 处，SQ2 限位开关动作。

3）之后，动力滑台转为工进状态行进至终点，KP 压力继电器动作。

4）KP 动作，动力滑台在终点暂停 2s。

5）2s 后，动力滑台快退返回原位，SQ1 限位开关动作，结束一个工作周期。

6）PLC 控制钻孔动力头具有多种工作方式，如图 12-11 所示。

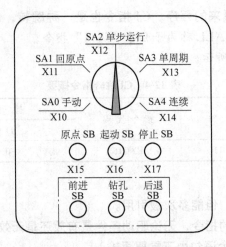

图 12-11　钻孔动力头操作面板

2. 如图 12-12 所示，继电器控制的双速电动机调速电路。采用 CJ 跳转指令，设计 PLC 控制双速电动机调速系统，控制要求如下：

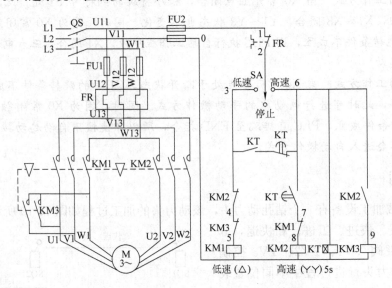

图 12-12　继电器控制双速电动机调速电路

1）转换开关 SA 具有低速、高速和停止控制。

2）当 SA 接通低速开关，双速电动机低速△运行。

3）当 SA 接通高速开关，双速电动机先以低速△起动运转，延时 5s 后，双速电动机低速停止，变换为高速丫丫运行。

4）当 SA 转至停止位，则电动机停止工作。

[考核评价]

技能检验考核要求及评分标准如表 12-5 所示。

表 12-5　考核评价表

考核项目	考核要求	配分	评分标准	扣分	得分
设备安装	1. 会分配端口、画 I/O 接线图 2. 按图完整、正确及规范接线 3. 按照要求编号	30	1. 不能正确分配端口，扣 5 分，画错 I/O 接线图，扣 5 分 2. 错、漏线，每处扣 2 分 3. 错、漏编号，每处扣 1 分		
编程操作	1. 会运用 IST 初始化指令编程 2. 会运用 CJ 跳转指令编程 3. 正确输入梯形图 4. 正确保存文件 5. 会转换梯形图 6. 会传送程序	30	1. 不能设计出程序或设计错误扣 10 分 2. 输入梯形图错一处扣 2 分 3. 保存文件错误扣 4 分 4. 转换梯形图错误扣 4 分 5. 传送程序错误扣 4 分		
运行操作	1. 运行系统，分析操作结果 2. 正确监控梯形图	30	1. 系统通电操作错误一步扣 3 分 2. 分析操作结果错误一处扣 2 分 3. 监控梯形图错误一处扣 2 分		
安全生产	遵守安全文明生产规程	10	1. 每违反一项规定，扣 3 分 2. 发生安全事故，0 分处理		
时间	120min		提前正确完成，每 5min 加 2 分 超过定额时间，每 5min 扣 2 分		
开始时间：		结束时间：		实际时间：	

[课后思考]

12.1　分析 12-13 功能图原理，指出其具有哪些工作控制方式？并上机实验观察（提示：输入端口 X0 为按钮 SB，X1、X2 端口分别为开关 SA1、SA2）。

12.2　某 PLC 控制喷水灌溉系统，由四个电磁阀 YV1～YV4 控制水朝东、西、南、北四个方向喷水。按下起动按钮，水先后由东到北四个方向，每间隔 5s 换一个方向。单方向喷水控制结束后，四个方向同时打开电磁阀，向四面喷水 5s。要求具有以下控制方式：

1) 单步控制，每按下一次起动按钮，喷水改变一个方向。

2) 单周期控制，按下一次起动按钮，喷水灌溉工作一个循环结束。

3) 连续控制，按下起动按钮后，喷水灌溉不断的循环工作。

12.3　某 PLC 控制冲床的工件加工系统，如图12-14所示。初始状态下，机械手在最左端，左限位 SQ1 闭合，冲头在最上面，上限位开关 SQ3 闭合，由电磁阀 YV0 控制机械手夹紧与放松工件，YV1、YV2 控制机械手右行与左行，电磁阀 YV3、YV4 控制冲头下行与上行。

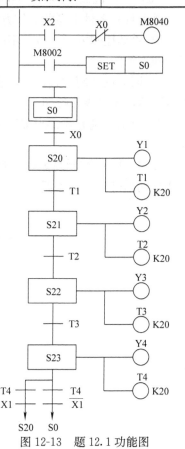

图 12-13　题 12.1 功能图

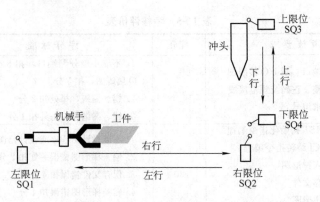

图 12-14 题 12.3 冲床工件加工示意图

具体工作过程如下：

1）按下起动按钮 SB，电磁阀 YV0 接通，机械手夹紧工件并保持。

2）1s 后，YV1 接通，机械手右行。

3）机械手右行直到 SQ2 右限位开关闭合停止，YV3 接通，冲头下行，加工工件。

4）工件加工后，下限位开关 SQ4 闭合，YV4 接通，冲头上行，上限位开关 SQ3 闭合，冲头回到初始位置，同时，YV2 接通，机械手左行，直到左限位 SQ1 闭合，松开工件（YV0 断电），机械手回到初始状态。

要求具有多种不同的操作方式（采用 IST 功能指令）：

1）手动控制方式，按下不同的按钮，实现对机械手的夹紧和放松、右行和左行，冲头下行和上行的控制。

2）回原点控制方式，无论机械手和冲头工作处于何种状态，在执行回原点操作时，只需按下返回原点操作按钮，就能各自回到原点位置。

3）自动控制方式，当按下起动按钮，可以分别实现单步控制、单周期控制和连续控制操作。

12.4　PLC 控制两盏灯，要求既可以实现手动控制两盏灯的起动、保持与停止，又可以实现两盏灯自动轮流循环点亮，试用 CJ 指令设计梯形图。

项目 13 PLC 控制停车场停车位

[学习目标]

1. 熟悉各算术运算指令的基本用法。
2. 掌握数据比较指令 CMP 的用法。
3. 掌握速度检测指令 SPD 的用法及其应用。

[技能目标]

1. 会运用数据比较指令 CMP 编程。
2. 会运用速度检测指令 SPD 和算术运算指令测算出机械运动的速度。

[实操训练]

1. 项目任务分析

有一汽车停车场,最大容量只能停车 60 辆,有两个光电开关,其中 0 号光电开关安装在车库的进口,用来检测有车进入停车场,1 号光电开关安装在车库的出口,用来检测有车开出停车场。有绿色、红色、黄色三盏灯用来指示停车场的停车情况(设停车场初始车辆为 0)。用 PLC 实现停车场停车位的控制,控制要求如下:

1)当停车场未存满 60 辆车时,绿灯亮,指示停车场有空车位,允许车进入。
2)当停车场存满 60 辆车时,红灯亮,指示停车场车位已满。
3)当黄灯亮时,指示停车场所停的车已超过 60 辆,不允许车再进入。

2. 参考操作步骤

1)分配 I/O 端口。分配表见表 13-1。

表 13-1 输入/输出端口分配表

输　　　入		输　　　出	
输入设备名称	输入端口	输出设备名称	输出端口
0 号光电开关 KR0	X0	绿灯 HL1	Y1
1 号光电开关 KR1	X1	红灯 HL2	Y2
		黄灯 HL3	Y3

2)绘制 I/O 接线图。接线图如图 13-1 所示。

3)设计梯形图。梯形图如图 13-2 所示。

4)连接 PLC 外围设备。PLC 关机状态下,根据 I/O 接线图,正确连接输入和输出设备(两个光电开关、三盏灯以及电源等设备)。

5)写入程序。打开 PLC 电源,方式开关置于 STOP 状态下,通过编程器正确输入各个指令到 PLC 中。

6）运行 PLC。将方式开关置于 RUN 状态，运行程序，操作并观察 PLC 控制结果。

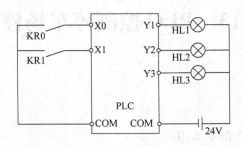

图 13-1　I/O 接线图

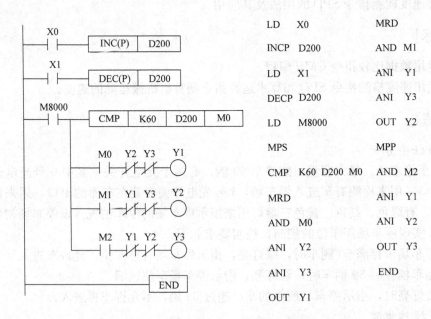

图 13-2　停车场停车数统计控制的梯形图与指令

[知识链接]

1. 比较指令 CMP

比较指令是比较两个源操作数 [S1·] 和 [S2·]，比较结果送到目标操作数 [D·] 及其后面相邻的两个软元件中，指令中所有源数据均作为二进制数处理。如图 13-3 所示，若 X10 接通，则将执行比较操作，将比较结果写入程序中指定的相邻三个标志软元件 M10～M12 中。

标志位操作规则：若 K100＞(D10)，则 M10 被置 1；若 K100＝(D10)，则 M11 被置 1；若 K100＜(D10)，则 M12 被置 1。

可见 CMP 指令执行后，标志位中必有一个被置 1，而其余两个均为 0。若 X10 断开，则不执行这条 CMP 指令，三个标志位 M10、M11、M12 保持原状态不变。

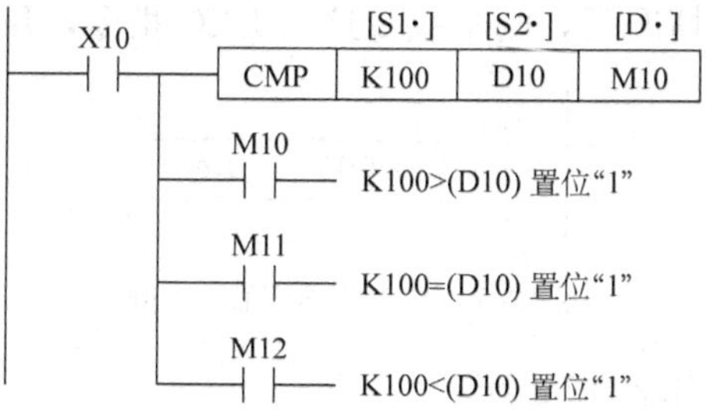

```
       X10                  [S1·]   [S2·]   [D·]
      ┤ ├────────┤ CMP │ K100 │ D10 │ M10 │
              M10
              ┤ ├──────── K100>(D10) 置位"1"
              M11
              ┤ ├──────── K100=(D10) 置位"1"
              M12
              ┤ ├──────── K100<(D10) 置位"1"
```

图 13-3　比较指令 CMP 举例

比较指令使用说明概要如表 13-2 所示。

表 13-2　CMP 比较指令概要

指令名称	助 记 符	指令代码	操 作 数			程 序 步
			S1	S2	D	
比较指令	(D) CMP (P)	FNC10	K、H、KnX、KnY、KnM、KnS、T、C、D、V、Z		Y、M、S	7 步/13 步

CMP 指令使用注意事项：

1）指令中的三个操作数必须按表所示编写，如果缺操作数，或操作组件超出此表中指定范围等都会出错。

2）作为目标地址假如指定了 M0，则 M0、M1、M2 被自动占用。

3）CMP 指令的执行条件断开，其目标操作数状态不变，若需清除比较结果，可用 RST 或 ZRST 复位指令。

2. 加 1 指令 INC

加 1 指令的功能是将指定的目标组件［D·］的内容加 1，如图 13-4 所示。X10 在 OFF →ON 上升沿变化时，则执行一次加 1 运算，即将 D10 中原来的内容加 1 后作为 D10 中新的内容。X10 在非上升沿情况下，则不执行这条 INC 指令，目标组件中的数据保持不变。

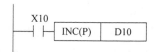

```
       X10
      ┤ ├──┤ INC(P) │ D10 │
```

图 13-4　加 1 指令 INC 举例

加 1 指令使用说明概要如表 13-3 所示。

表 13-3　INC 加 1 指令概要

指令名称	助 记 符	指令代码	操 作 数	程 序 步
			D（·）	
加 1 指令	(D) INC (P)	FNC24	KnY、KnM、KnS、T、C、D、V、Z	3 步/5 步

3. 减 1 指令 DEC

减 1 指令的功能是将指定的目标组件［D·］中的内容减 1，如图 13-5 所示。X10 在 OFF→ON 上升沿变化时，则执行一次减 1 运算，即将 D10 中原来的内容减 1 后作为 D10 中新的内容。X10 在非上升沿情况下，则不执行这条 DEC 指令，目标组件中的数据保持不变。

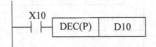

图 13-5　减 1 指令 DEC 举例

减 1 指令使用说明概要如表 13-4 所示。

表 13-4　DEC 减 1 指令概要

指令名称	助记符	指令代码	操作数 D（·）	程序步
减 1 指令	(D) DEC (P)	FNC25	KnY、KnM、KnS、T、C、D、V、Z	3 步/5 步

注意：INC 和 DEC 指令常用于脉冲执行方式。

4. 停车场停车位的梯形图设计

用功能指令实现停车场停车位控制的梯形图如图 13-2 所示。D200 为断电保持数据寄存器，其初始数据为 0。当开进一辆车时，通过光电开关 X0 感应传入进车信号，执行 INCP 指令，使 D200 中的数字加 1；当开出去一辆车时，通过光电开关 X1 感应传入出车信号，执行 DECP 指令，使 D200 中的数字减 1。

CMP 比较指令将 D200 中的数据与停车场的满车位 60 相比较，若 D200 < K60，则 M0 接通，驱动 Y1，绿灯亮，即车场内所停的车未达到 60 辆，允许车进入；若 D200＝K60，则 M1 接通，驱动 Y2，红灯亮，即车场内所停的车达到 60 辆，表示车位已满；若 D200 > K60，则 M2 接通，驱动 Y3，黄灯亮，即车场内所停的车已超过 60 辆，不允许车进入停车场。

梯形图中 Y1、Y2、Y3 输出继电器相互联锁，保证 PLC 控制仅有一路输出。

[知识拓展]

1. 加、减、乘、除算术运算指令

（1）加法指令 ADD　加法指令的功能是将两个源组件 [S1·]、[S2·] 中的有符数进行二进制加法运算，然后将相加的结果送入指定的目标软组件 [D·] 中。

如图 13-6 所示，如果 X10 接通，则执行加法运算，即将数值 10 与 D10 中的内容相加，结果送到 D20 中；如果 X10 断开，则不执行这条指令，源组件、目标组件中的数据均保持不变。

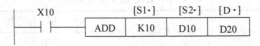

图 13-6　加法指令 ADD 举例

1）有符数是指每个数的最高位作为符号位，符号位按"0 正 1 负"进行判别。

2）若相加结果为 0 时，零标志位 M8020 置 1。

3）若发生进位，即运算结果在 16 位操作时大于 32767，在 32 位操作时大于

2147483647，则进位标志寄存器 M8022 置 1。

4）若相加结果在 16 位操作时小于－32767，在 32 位操作时小－2147483647，则借位标志 M8021 置 1。

5）若将浮点数标志位 M8023 置 1，则可以进行浮点数加法运算。

6）ADD 指令可以进行 32 位操作方式，使用前缀（D）。这时指令中给出的源组件、目标组件是它们的首地址，低 16 位在 D10 中，高 16 位在相邻的下一个数据寄存器 D11 中，两者组成一个 32 位数据。为避免重复使用某些元件，建议用偶数元件号。

加法指令使用说明概要如表 13-5 所示。

表 13-5　ADD 加法指令概要

指令名称	助 记 符	指令代码	操 作 数			程 序 步
			S1	S2	D	
加法指令	(D) ADD (P)	FNC20	K、H、KnX、KnY、KnM、KnS、T、C、D、V、Z		KnY、KnM、KnS、T、C、D、V、Z	7 步/13 步

（2）减法指令 SUB　减法指令的功能是将两个源组件 [S1·]、[S2·] 中的有符数相减，然后将相减的结果送入指定的目标软组件 [D·] 中。

如图 13-7 所示，如果 X10 接通，则执行减法运算，即将数值 10 与 D10 中的内容相减，结果送到 D20 中；如果 X10 断开，则不执行这条指令，源组件与目标组件中的数据均保持不变。

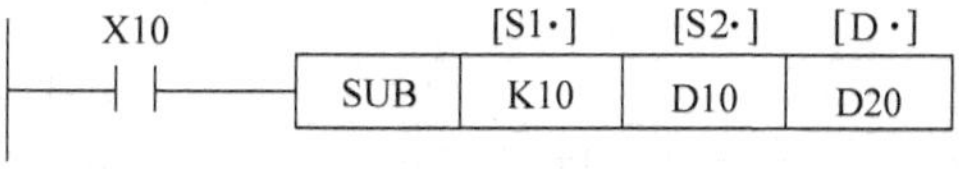

图 13-7　减法指令 SUB 举例

SUB 指令进行运算时，每个标志位的功能、32 位运算的元件指定方法、连续执行和脉冲执行的区别等都与加法指令中的解释相同。

减法指令使用说明概要如表 13-6 所示。

表 13-6　SUB 减法指令概要

指令名称	助 记 符	指令代码	操 作 数			程 序 步
			S1	S2	D	
减法指令	(D) SUB (P)	FNC21	K、H、KnX、KnY、KnM、KnS、T、C、D、V、Z		KnY、KnM、KnS、T、C、D、V、Z	7 步/13 步

（3）乘法指令 MUL　乘法指令功能是将两个源组件 [S1·]、[S2·] 中的数据相乘，乘积送到指定目标组件 [D·] 中。

如图 13-8 所示，如果 X10 接通，则将执行乘法运算，即将 D10 与 D20 中的两内容相乘，乘积送入 D31 和 D30 两个目标单元中去；如果 X10 断开，则不执行这条指令，源组件与目标组件中的数据均保持不变。

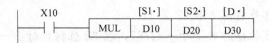

图 13-8 乘法指令 MUL 举例

乘法指令使用说明概要如表 13-7 所示。

表 13-7 MUL 乘法指令概要

指令名称	助记符	指令代码	操作数			程序步
			S1	S2	D	
乘法指令	(D) MUL (P)	FNC22	K、H、KnX、KnY、KnM、KnS、T、C、D、V、Z		KnY、KnM、KnS、T、C、D、Z（Z 只用 16 位）	7 步/13 步

注意：MUL 指令分为 16 位和 32 位操作两种情况，在 32 位运算中，如用位元件组作为目标，则乘积只能得到低 32 位，而高 32 位数据丢失。在这种情况下，应先将数据移入字元件中再进行运算。

（4）除法指令 DIV 除法指令的功能是将指定的两个源组件中的数，进行二进制除法运算，然后将相除的商和余数送入从首地址开始的相应的目标组件中。[S1·]、[S2·] 分别是存放被除数和除数的源软组件，[D·] 是用来存放商和余数的目标组件的首地址。

如图 13-9 所示，如果 X10 接通，则将执行除法运算，即将 D10 与 D20 中的两内容相除，商送入 D30 中，而余数放入 D31 中；如果 X10 断开，则不执行这条指令，源组件与目标组件中的数据均保持不变。

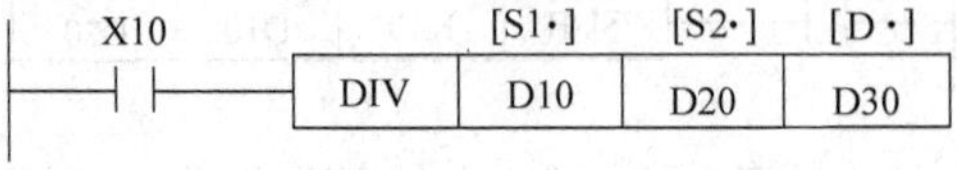

图 13-9 除法指令 DIV 举例

除法指令概要如表 13-8 所示。

表 13-8 DIV 除法指令概要

指令名称	助记符	指令代码	操作数			程序步
			S1	S2	D	
除法指令	(D) DIV (P)	FNC23	K、H、KnX、KnY、KnM、KnS、T、C、D、V、Z		KnY、KnM、KnS、T、C、D、Z（Z 只用 16 位）	7 步/13 步

注意：除法运算中除数不能为 0，否则会出错；若位元件被指定为目标 [D·]，则不能获得余数；商和余数的最高位是符号位，"0 正 1 负"。

2. 速度检测指令 SPD 的应用

通过速度检测指令 SPD 和算术运算指令可以测量出机械运动的转速或线速度。如图 13-10 所示，测量电动机转速示意图。将编码盘（周围有 360 个齿）装在电动机的转轴上，当电动机旋转时，接近开关产生脉冲信号（每转输出 360 个脉冲），由 X0 输入端口送至 PLC。

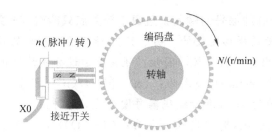

图 13-10　测量电动机转速示意图

PLC测量电动机转速梯形图设计如图 13-11 所示。

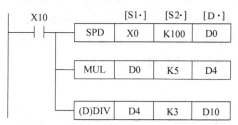

图 13-11　电动机转速测量梯形图

（1）速度检测指令 SPD 的基本用法　SPD 指令在［S2·］所设定的时间（ms）内对［S1·］的输入脉冲计数，计数当前值存放在［D＋1］中，当前值时间存放在［D＋2］中，计数的最终结果存放在［D·］中（使用时可不考虑［D＋1］、［D＋2］中的变化）。

如图 13-12 所示，当 X10 闭合，执行 SPD 指令，D1 对 X0 脉冲的上升沿计数，100ms以后将计数的脉冲个数存放到 D0 中。

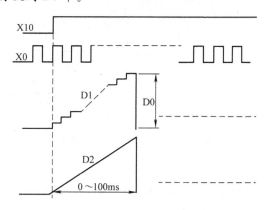

图 13-12　SPD速度检测指令的基本用法

速度检测指令 SPD 使用概要见表 13-9。

表 13-9　SPD速度检测指令概要

指令名称	助 记 符	指令代码	操 作 数			程 序 步
			［S1·］	［S2·］	［D·］	
速度检测指令	SPD	FNC56	X0～X5	K、H、KnX、KnY、KnM、KnS、T、C、D、V、Z	T、C、D、V、Z	7步

注意：X0～X5 作为脉冲信号的输入，且每个输入点只能对应一条 SPD 指令。

（2）电动机转速测量的梯形图设计　由于 SPD 速度检测指令的目标操作数 [D] 中，存放的数据是 100ms 时间内脉冲的个数，因此，还需要通过公式计算出电动机实际的转速。

电动机每分钟转速 N(r/min) 公式为：$(60×[D])/(n×[S2])×10^3$，其中 60 表示每分钟 60 秒；10^3 将 ms 转换为 s；n 表示编码器每圈产生的脉冲。

当 n＝360，[S2]＝100ms 时，代入公式为：$(60×D0)/(360×100)×10^3$。注意，若直接用 PLC 乘除法指令计算，容易超出允许计算范围，所以先进行约分，然后再进行计算。因此，约分后为：(5×D0)/3。

如图 13-11 所示，当 X10＝1 时，执行 SPD 指令，接收来自 X0 端口的脉冲信号，经过100ms 的时间后，将脉冲个数放入 D0 中；MUL 乘法指令将 D0 的值与数值 5 相乘，结果存入 D4、D5 中；(D) DIV 除法指令执行 32 位运算，将 D4、D5 中的数据与 3 相除，其结果整数部分存放在 D10 中，即得到电动机每分钟的转速。

[技能检验]

1. 用比较指令实现送料小车控制。如图 13-13 所示，某车间有 6 个工作台，送料小车往返于工作台之间送料，每个工作台设有一个限位开关(SQ)和一个呼叫按钮(SB)。

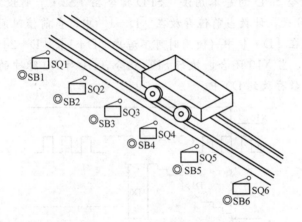

图 13-13　运料车工作台示意图

控制要求如下：

送料小车开始应能停留在 6 个工作台中任意一个限位开关的位置上。设送料小车现停于 m 号工作台(SQm 为 ON)处，这时 n 号工作台呼叫(SBn 为 ON)，当 m＞n 时，送料小车左行，直至 SQn 动作，到位停车（即送料小车所停位置 SQ 的编号大于呼叫按钮 SB 的编号，送料小车往左行至呼叫位置后停止）；当 m＜n 时，送料小车右行，直至 SQn 动作，到位停车（即送料小车所停位置 SQ 的编号小于呼叫按钮 SB 的编号，送料小车往右行至呼叫位置后停止）；当 m＝n 时，送料小车原位不动，（即送料小车所停位置 SQ 的编号与呼叫按钮 SB 的编号相同时，送料小车不动）。

2. 设计算术运算控制程序：30×X/250＋2。其中"X"值由输入端口 K2X0 送入二进制数，运算结果需送输出 K2Y0 端口，X20 作为运算开关。

[考核评价]

技能检验考核要求及评分标准，如表13-10所示。

表 13-10　考核评价表

考核项目	考核要求	配分	评分标准	扣分	得分
设备安装	1. 会分配端口、画I/O接线图 2. 按图完整、正确及规范接线 3. 按照要求编号	30	1. 不能正确分配端口，扣5分，画错I/O接线图，扣5分 2. 错、漏线，每处扣2分 3. 错、漏编号，每处扣1分		
编程操作	1. 会运用CMP比较指令编程 2. 会运用算术运算指令编程 3. 正确输入梯形图 4. 正确保存文件 5. 会转换梯形图 6. 会传送程序	30	1. 不能设计出程序或设计错误扣10分 2. 输入梯形图错误一处扣2分 3. 保存文件错误扣4分 4. 转换梯形图错误扣4分 5. 传送程序错误扣4分		
运行操作	1. 运行系统，分析操作结果 2. 正确监控梯形图	30	1. 系统通电操作错误一步扣3分 2. 分析操作结果错误一处扣2分 3. 监控梯形图错误一处扣2分		
安全生产	遵守安全文明生产规程	10	1. 每违反一项规定，扣3分 2. 发生安全事故，0分处理		
时间	45min		提前正确完成，每5min加2分 超过定额时间，每5min扣2分		
开始时间：		结束时间：		实际时间：	

[课后思考]

13.1　用三个开关（X1、X2、X3）控制一盏灯Y0，当三个开关全通或全断时灯亮，其他情况时灯灭，用比较指令设计该梯形图。

13.2　分析图13-14所示的梯形图，分别在什么情况下，Y0、Y1、Y2为ON？若要实现当计数为50时有输出，程序应如何修改？

13.3　试用比较指令，设计某密码锁控制两道门的开起程序。密码锁为8键，分别接入X0～X7，其中X0～X3代表第一个十六进制数，X4～X7代表第二个十六进制数。若按H65，输入正确后延时2s后，第一道门开起；若按H87，输入正确后延时4s后，第二道门开起。

13.4　用PLC对自动售汽水机进行控制。控制要求如下：

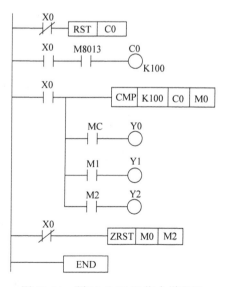

图 13-14　题 13.2 CMP 指令梯形图

1）此售货机可投入 1 元、2 元硬币，投币口为 LS1，LS2。

2）当投入的硬币总值大于等于 6 元时，汽水指示灯 L1 亮，此时按下汽水按钮 SB，则汽水口 L2 出汽水 12s 后自动停止。

3）不找钱，不结余，下一位投币又重新开始。

13.5　如何用 SPD 速度检测指令和算术运算指令计算机械运动的线速度（直线运动）？

13.6　试编写温度控制箱的梯形图。数据寄存器 D0 中是箱内温度的当前值，当箱内温度低于 180℃时，加热标志 M10 被激活，Y0 接通并驱动加热装置；当室温高于 250℃时，制冷标志 M12 被激活，Y2 接通并驱动制冷装置（提示：采用 ZCP 区间比较指令）。

附　　录

附录 A　FX 系列 PLC 的特殊辅助继电器

继　电　器	内　　容	继　电　器	内　　容
M8000	RUN 监控（动合触点）	M8030	电池欠压 LED 灯灭
M8001	RUN 监控（动断触点）	M8031	全清非保持存储器
M8002	初始脉冲（动合触点）	M8032	全清保持存储器
M8003	初始脉冲（动断触点）	M8033	存储器保持
M8004	出错	M8034	禁止所有输出
M8005	电池电压低下	M8035	强制 RUN 方式
M8006	电池电压低下锁存	M8036	强制 RUN 信号
M8007	电源瞬停检出	M8037	强制 STOP 信号
M8008	停电检出	M8038	
M8009	DC24V 关断	M8039	定时扫描方式
M8010		M8040	禁止状态转移
M8011	10ms 时钟	M8041	状态转移开始
M8012	100ms 时钟	M8042	启动脉冲
M8013	1s 时钟	M8043	回原点完成
M8014	1min 时钟	M8044	原点条件
M8015	时间设置	M8045	禁止输出复位
M8016	寄存器数据保存	M8046	STL 状态置 ON
M8017	±30s 修正	M8047	STL 状态监控有效
M8018	时钟有效	M8048	报警器接通
M8019	设置错	M8049	报警器有效
M8020	零标志	M8060	I/O 编号错
M8021	借位标志	M8061	PLC 硬件错
M8022	进位标志	M8062	PLC/PP 通信错
M8023		M8063	并机通信错
M8024		M8064	参数错
M8025	外部复位 HSC 方式	M8065	语法错
M8026	RAMP 保持方式	M8066	电路错
M8027	PR16 数据方式	M8067	操作错
M8028	10ms 定时器	M8068	操作错锁存
M8029	指令执行完成	M8069	I/O 总线检查

附录 B　FX 系列 PLC 基本指令及步进指令

类　型	指　令	操 作 元 件	步　数	类　型	指　令	操 作 元 件	步　数
触点指令	LD	X，Y，M，S，T，C，特 M	1	输出指令	OUT	Y，M	1
	LDI		1			S	2
	AND		1			特 M	2
	ANI		1			T-K，D	3
	OR		1			C-K，D（16 位）	3
	ORI		1			C-K，D（32 位）	5
连接指令	ANB	无	1		SET	Y，M	1
	ORB		1			S	2
	MPS		1			特 M	2
	MRD		1		RST	Y，M	1
	MPP		1			S	2
其他指令	MC	N-Y，M	3			特 M	2
	MCR	N（嵌套）	2			T，C	2
	NOP	无	1			D，V，Z，特 D	3
	END	无	1		PLS	Y，M	2
步进	STL	S	1		PLF	Y，M	2
	RET	无	1	标号	P	0～63	1
					I	0□□～8□□	1

附录 C FX₂ₙ系列 PLC 功能指令

分　类	FNC 编号	指令符号	32位指令	脉冲指令	说　　明
程序流向	00	CJ	—	有	条件跳转
	01	CALL	—	有	调用子程序
	02	SRET	—	—	子程序返回
	03	IRET	—	—	中断返回
	04	EI	—	—	允许中断
	05	DI	—	—	禁止中断
	06	FEND	—	—	程序结束
	07	WDT	—	有	警戒时钟
	08	FOR	—	—	循环范围起点
	09	NEXT	—	—	循环范围终点
传送和比较等	10	CMP	有	有	比较 (S1)(S2) → (D)
	11	ZCP	有	有	区间比较 (S1)～(S2)(S) → (D)
	12	MOV	有	有	传送 (S) →D.
	13	SMOV	—	有	BCD码传送和移位
	14	CML	有	有	取反传送 ($\overline{S}$) → (D)
	15	BMOV	—	有	成批传送 (n点→n点)
	16	FMOV	有	有	多点传送 (1点→n点)
	17	XCH	有	有	数据交换 (D1) ←→ (D2)
	18	BCD	有	有	BCD 交换 BIN (S) →BCD (D)
	19	BIN	有	有	BIN 交换 BCD (S) →BIN (D)
四则运算和逻辑运算	20	ADD	有	有	BIN 加法 (S1) ＋ (S2) → (D)
	21	SUB	有	有	BIN 减法 (S1) － (S2) → (D)
	22	MUL	有	有	BIN 乘法 (S1) × (S2) → (D)
	23	DIV	有	有	BIN 除法 (S1) ÷ (S2) → (D)
	24	INC	有	有	BIN 加 1 (D) ＋1→ (D)
	25	DEC	有	有	BIN 减 1 (D) －1→ (D)
	26	WAND	有	有	逻辑与 (S1) ∧ (S2) → (D)
	27	WOR	有	有	逻辑或 (S1) ∨ (S2) → (D)
	28	WXOR	有	有	逻辑异或 (S1) ∀ (S2) → (D)
	29	NEG	有	有	2 的补码 ($\overline{D}$) ＋1→ (D)

（续）

分　类	FNC编号	指令符号	32 位指令	脉冲指令	说　明
循环移位与移位	30	ROR	有	有	右循环（n 位）
	31	ROL	有	有	左循环（n 位）
	32	RCR	有	有	带进位右循环（n 位）
	33	RCL	有	有	带进位左循环（n 位）
	34	SFTR	—	有	位右移位
	35	SFTL	—	有	位左移位
	36	WSFR	—	有	字右移位
	37	WSFL	—	有	字左移位
	38	SFWR	—	有	FIFO 写入
	39	SFRD	—	有	FIFO 读出
数据处理	40	ZRST	—	有	成批复位
	41	DECO	—	有	解码
	42	ENCO	—	有	编码
	43	SUM	有	有	置 1 位数总和
	44	BON	有	有	置 1 位数判别
	45	MEAN	有	有	平均值计算
	46	ANS	—	—	信号报警器置位
	47	ANR	—	有	信号报警器复位
	48	SQR	有	有	BIN 开方运算
	49	FLT	有	有	浮点
高速处理	50	RET	—	有	输入输出刷新
	51	REFF	—	有	滤波时间常数调整
	52	MTR	—	—	矩阵输入
	53	HSCS	有	—	比较置位（高速计数器）
	54	HSCR	有	—	比较复位（高速计数器）
	55	HSZ	有	—	区间比较（高速计数器）
	56	SPD	—	—	速度检测
	57	PLSY	有	—	脉冲输出
	58	PWM	—	—	脉冲宽度调制
	59	PLSR	—	—	可调速脉冲输出
方便指令	60	IST	—	—	初始状态
	61	SER	有	有	数据检索
	62	ABSD	有	—	绝对型鼓轮顺控（绝对方式）
	63	INCD	—	—	增量型鼓轮顺控（相对方式）
	64	TTMR	—	—	示数定时器
	65	STMR	—	—	特殊定时器
	66	ALT	—	有	交替输出
	67	RAMP	—	—	斜坡信号
	68	ROTC	—	—	旋转台控制
	69	SORT	—	—	数据整理排列

（续）

分　类	FNC编号	指令符号	32位指令	脉冲指令	说　明
外部I／O设备	70	TKY	有	—	10键输入
	71	HKY	有	—	16键输入
	72	DSW	—	—	数字开关
	73	SEGD	—	有	7段解码器
	74	SEGL	—	—	7段时分显示
	75	ARWS	—	—	方向开关
	76	ASC	—	—	ASCII代码
	77	PR	—	—	打印输出
	78	FROM	有	有	从缓冲存储器读出
	79	TO	有	有	向缓冲存储器写入
外部设备SER	80	RS	—	—	串行数据传送 RS-232C
	81	PRUN	有	有	数据传送（对应8进制）
	82	ASCI	—	有	ASCII变换
	83	HEX	—	有	十六进制转换
	84	CCD	—	有	校验码
	85	VRRD	—	有	模拟量卷读出
	86	VRSC	—	有	模拟量卷刻度
	87				
	88	PID		有	比例积分微分控制
	89				
外部F设备	90	MNET	—	有	MELS/MINI用 F-16NP/NT
	91	ANRD	—	有	模拟量F2-6A读出
	92	ANWR	—	有	模拟量F2-6A写入
	93	RMST	—	—	F2-32RM起动/状态
	94	RMWR	有	有	F2-32RM输出禁止写入
	95	RMRD	有	有	F2-32RM输出数据读出
	96	RMMN	—	有	F2-32RM监视
	97	BLK	—	有	F2-30GM程序块指定
	98	MCDE	—	有	F2-30GMM代码读出
	99				
浮点运算	110	ECMP	有	有	二进制浮点数比较
	111	EZCP	有	有	二进制浮点数区间比较
	118	EBCD	有	有	二→十进制浮点数变换
	119	EBIN	有	有	十→二进制浮点数变换
	120	EADD	有	有	二进制浮点数加
	121	ESUB	有	有	二进制浮点数减
	122	EMUL	有	有	二进制浮点数乘
	123	EDIV	有	有	二进制浮点数除
	127	ESOR	有	有	二进制浮点数开平方
	129	INT	有	有	二进制浮点数取整
	130	SIN	有	有	浮点数 SIN 计算
	131	COS	有	有	浮点数 COS 计算
	132	TAN	有	有	浮点数 TAN 计算

（续）

分　类	FNC 编号	指令符号	32 位指令	脉冲指令	说　明
时钟运算	160	TCMP	—	有	时钟数据比较
	161	TZCP	—	有	时钟数据区间比较
	162	TADD	—	有	时钟数据加
	163	TSUB	—	有	时钟数据减
	166	TRD	—	有	时钟数据读出
	167	TWR	—	有	时钟数据写入
转换	170	GRY	有	有	格雷码转换
	171	GBIN	有	有	格雷码逆转换
	174	SWAP	有	有	上下字节转换
接点比较	224	LD=	有	有	(S1) = (S2)
	225	LD>	有	有	(S1) > (S2)
	226	LD<	有	有	(S1) < (S2)
	228	LD<>	有	有	(S1) ≠ (S2)
	229	LD≤	有	有	(S1) ≤ (S2)
	230	LD≥	有	有	(S1) ≥ (S2)
	232	AND=	有	有	(S1) = (S2)
	233	AND>	有	有	(S1) > (S2)
	234	AND<	有	有	(S1) < (S2)
	236	AND<>	有	有	(S1) ≠ (S2)
	237	AND≤	有	有	(S1) ≤ (S2)
	238	AND≥	有	有	(S1) ≥ (S2)
	240	OR=	有	有	(S1) = (S2)
	241	OR>	有	有	(S1) > (S2)
	242	OR<	有	有	(S1) < (S2)
	244	OR<>	有	有	(S1) ≠ (S2)
	245	OR≤	有	有	(S1) ≤ (S2)
	246	OR≥	有	有	(S1) ≥ (S2)

附录 D　FX 系列 PLC 错码一览表

区　分	错码	错 误 内 容	处 置 方 法
I/O 构成错误 M8060（D8060） 运行继续	例 1020	未安装 I/O 的起始单元号码，"1020"时 1＝输入 X（0＝输出 Y），020＝单元号码	未安装的输入继电器，输出继电器的号码已被编入程序。虽然可编程序控制器继续运转，但若是程序错误请修正
硬件出错 M8061（D8061） 运行停止	0000	无异常	请检查扩展电缆的连接是否正确
	6101	RAM 错误	
	6102	运算回路出错	
	6103	I/O 母线出错（M8069 驱动时）	
	6104	扩展单元 24V 下降（M8069ON 时）	
	6105	监视计时器出错	运算时间超过 D8000 的值，请检查程序
PC/PP 通信 出错 M8062（D8062） 运行继续	0000	无异常	请检查编程器（PP）或接在程序插座上的设备与可编程序控制器的连接是否可靠
	6201	奇偶校验出错、溢出出错、成帧出错	
	6202	通信字符错误	
	6203	通信数据的和数不一致	
	6204	数据格式错误	
	6205	指令错误	
并联线路通信 出错 M8063（D8063） 运行继续	0000	无异常	请检查双方的可编程序控制器的电源是否 ON，以及适配器与可编程序控制器的连接、线路适配器的连接是否正确
	6301	奇偶校验出错、溢出出错、成帧出错	
	6302	通信字符错误	
	6303	通信数据的和数不一致	
	6304	数据格式错误	
	6305	指令错误	
	6306	监视计时超出	
	6307～ 6311	无	
	6312	并联线路字符错误	
	6313	并联线路和数错误	
	6314	并联线路格式错误	
参数出错 M8064（D8064） 运行停止	0000	无异常	请将可编程序控制器置于 STOP 设定正确值
	6401	程序和数不一致	
	6402	存储容量设定错误	
	6403	保持区域设定错误	
	6404	注释区段设定错误	
	6405	滤波寄存器的区域设定错误	
	6409	其他设定错误	

(续)

区　分	错码	错　误　内　容	处　置　方　法
语法错误 M8065（D8065） 运行停止	0000	无异常	程序作对时，检查每次命令的使用方法是否正确，出现错误时请用程序模式修改命令
	6501	命令-软元件符号-地址号的组合错误	
	6502	设定值前没有 OUT T，OUT C	
	6503	①OUT T，OUT C 之后没有设定值 ②应用命令操作数不足	
	6504	①标号重复 ②中断输入及高速计数器输入重复	
	6505	超出软元件地址范围	
	6506	使用未定义命令	
	6507	标号（P）定义错误	
	6508	中断输入（I）定义	
	6509	其他	
	6510	MC 的插入号码大小方面错误	
	6511	中断输入与高速计数器输入重复	
电路出错 M8066（D8066） 运行停止	0000	无异常	作为电路块的整体在命令组合错误时，以及成对的命令关系错误时产生这种不良现象。在程序模式中，请将命令的相互关系修改正确
	6601	LD，LDI 的连续使用次数在 9 次以上	
	6602	①无 LD，LDI 命令，无线圈。LD，LDI 和 ANB、ORB 的关系不对 ②STL、RET、MCR、P（指针）、I（中断）、EI、DI、SRET、IRET、FOR、NEXT、FEND、END 没有和母线接上 ③忘记 MPP	
	6603	MPS 的连接使用次数在 12 次以上	
	6604	MPS 和 MRD，MPP 的关系不对	
	6605	①STL 的连接使用次数在 9 次以上 ②STL 内有 MC，MCR，I（中断），SRET ③STL 外有 RET 或无 RET 指令	
	6606	①无 P（指示器），I（中断） ②无 SRET、IRET ③在主程序中有 I（中断），SRET、IRET ④在子程序与中断程序中有 STL，RET，MC，MCR	
	6607	①FOR 和 NEXT 关系不对。嵌套在 6 层以上 ②FOR-NEXT 间有 SRET，RET，MC，MCR，IRET，SRET，FEND，END	
	6608	①MC 与 MCR 的关系不对 ②无 MCR No ③间有 SRET，IRET，I（中断）	

（续）

区　分	错码	错　误　内　容	处　置　方　法
电路出错 M8066（D8066） 运行停止	6609	其他	作为电路块的整体在命令组合错误时，以及成对的命令关系错误时产生这种不良现象。在程序模式中，请将命令的相互关系修改正确
	6610	LD、LDI 的连续使用次数在 9 次以上	
	6611	对于 LD、LDI 命令 ANB，ORB 命令数多	
	6612	对于 LD、LDI 命令 ANB，ORB 命令数少	
	6613	MPS 连续使用次数在 12 次以上	
	6614	忘记 MPS	
	6615	忘记 MPP	
	6616	MPS-MRD-MPP 间的线圈遗忘或关系不对	
	6617	应从母线开始的命令 STL，RET，MCR，P，I，DI，EI，FOR，NEXT，SRET，IRET，FEND，END 未连接母线	
	6618	只能用主程序使用的命令在主程序以外（中断、子程序）STL，MC，MCR	
	6619	在 FOR-NEXT 间有不能使用的命令 STL，RET，MC，MCR，IRET，I	
	6620	FOR-NEXT 嵌套超出	
	6621	FOR-NEXT 数的关系不对	
	6622	无 NEXT 命令	
	6623	无 MC 命令	
	6624	无 MCR 命令	
	6625	STL 连接使用次数在 9 次以上	
	6626	在 STL-RET 间有不能使用的命令 MC，MCR，I，SRET，IRET	
	6627	无 RET 命令	
	6628	在主程序中有主程序不能使用的命令 I，SRET，IRET	
	6629	无 P，I	
	6630	无 SRET，IRET 命令	
	6631	有 SRET 不能使用的地方	
	6632	有 FEND 不能使用的地方	
运算出错 M8067（D8067） 运行继续	0000	无异常	此为运算执行中发生的错误，请重新检查程序或应用命令操作数的内容。即使不发生语句、电路错误，但因以下理由亦会发生运算错误（例如）T200Z 本身虽然不是错误，但作为运算结果 Z＝100 的话，就变成 T300，单元号码超出
	6701	①无 CJ，CALL 的转移地址 ②END 命令以后有标号 ③FOR-NEXT 间与子程序间有单独的标号	
	6702	CALL 的嵌套级在 6 次以上	

（续）

区　　分	错码	错　误　内　容	处　置　方　法	
运算出错 M8067（D8067） 运行继续	6703	中断的嵌套级在 3 次以上	此为运算执行中发生的错误，请重新检查程序或应用命令操作数的内容。即使不发生语句、电路错误，但因以下理由亦会发生运算错误（例如）T200Z 本身虽然不是错误，但作为运算结果 Z＝100 的话，就变成 T300，单元号码超出	
	6704	FOR-NEXT 的嵌套在 6 次以上		
	6705	应用命令的操作数在对应软元件以外		
	6706	应用命令的操作数的地址号码范围与数据值超出		
	6707	寄存器没有设定参数访问文件寄存器范围		
	6708	FROM/TO 命令错误		
	6709	其他（IRET，SRET 遗忘，FOR-NEXT 关系不正确等）		
	6730	采用时间（Ts）在对象范围外（Ts＜0）	停止 PID 运算	控制参数的设定值与 PID 运算中出现错误请检查参数内容
	6732	输入滤波常数（α）在对数范围外（α＜0 或 α≥100）		
	6733	比例增益（Kp）在对象范围外（Kp＜0）		
	6734	积分时间（T1）在对象范围外（T1＜0）		
	6735	微分增益（Kd）在对象范围外（Kd＜0 或 α≥201）		
	6736	微分时间（Td）在对象范围外（Td＜0）	将运算数据作为 MAX 值继续运算	
	6740	采用时间（Ts）≤运算周期		
	6742	测定值变化量超出（ΔPV＜－32768 或 32768＜ΔPV）		
	6743	偏差超出（EV＜－32768 或 32768＜EV）		
	6744	积分计算超出（－32768～32768 以外）		
	6745	微分增益（Kp）超出导致微分值超出		
	6746	微分计算值超出（－32768～32768 以外）		
	67447	PID 运算结果超出（－32768～32768 以外）		

参 考 文 献

［1］俞国亮. PLC 原理与应用［M］. 北京：清华大学出版社，2005.

［2］高勤. 电器及 PLC 控制技术［M］. 北京：高等教育出版社，2002.

［3］李俊秀，等. 可编程序控制器应用技术实训指导［M］. 北京：化学工业出版社，2005.

［4］王晓军，等. 可编程序控制器原理及应用［M］. 北京：化学工业出版社，2007.

［5］张凯. 可编程序控制器教程［M］. 南京：东南大学出版社，2005.

［6］赵玉娟. PLC 编程技能训练［M］. 北京：高等教育出版社，2005.

［7］三菱公司三菱 FX_{2N} 系列可编程序控制器编程手册，2006.